油库加油站设备设施系列丛书

油库常用泵

马秀让　主编

中国石化出版社

内容提要

本书主要内容有泵的分类、用途及选择；离心泵、滑片泵、螺杆泵、齿轮泵、电动往复泵、液压潜油泵、水环式真空泵、摆动转子泵等的工作原理、结构特点、性能参数、完好标准、操作使用、故障排除、维护检修；泵机组的安装运转及技术鉴定等。

本书可供油料各级管理部门和油库、加油站的业务技术干部及油库一线操作人员阅读使用，也可供油库、加油站工程设计与施工人员和相关专业院校师生参阅。

图书在版编目(CIP)数据

油库常用泵／马秀让主编. —北京：中国石化出版社，2016.7
（油库加油站设备设施系列丛书）
ISBN 978－7－5114－4099－0

Ⅰ.①油… Ⅱ.①马… Ⅲ.①油库－油泵 Ⅳ.①TE974

中国版本图书馆 CIP 数据核字(2016)第 144661 号

中国石化出版社出版发行
地址：北京市东城区安定门外大街 58 号
邮编：100011　电话：(010)84271850
读者服务部电话：(010)84289974
http://www.sinopec-press.com
E-mail:press@sinopec.com
北京科信印刷有限公司印刷
全国各地新华书店经销

*

850×1168 毫米 32 开本 8.625 印张 199 千字
2016 年 8 月第 1 版　2016 年 8 月第 1 次印刷
定价:32.00 元

《油库常用泵》
编 写 组

主　　编　马秀让

副 主 编　谢　军　　范建峰　　寇恩东

编　　写　（按姓氏笔画为序）

王宏德　　王银锋　　邢科伟　　朱邦辉

苏奋华　　李晓鹏　　张全奎　　赵希凯

夏如汉　　彭青松　　景　鹏　　曾　锋

穆祥静

《油库加油站设备设施系列丛书》
前　言

　　油库是收、发、储存、运转油料的仓库，是连接石油开采、炼制与油品供应、销售的纽带。加油站是供应、销售油品的场所，向汽车加注油品的窗口，是遍布社会各地不可缺少的单位。油库和加油站有着密切的联系，不少油库就建有加油站。油库、加油站的设备设施，在作用性能上有着诸多共性，只是规模大小不同，所以本丛书将加油站包括在内，且专设一册。

　　丛书将油库、加油站的所有设备设施科学分类、分册，各册独立成书，有各自的系统，但相互又有联系，全套书构成油库、加油站设备设施的整体。

　　丛书可供油料各级管理部门和油库、加油站的业务技术干部及油库一线操作人员阅读使用，也可供油库、加油站工程设计与施工人员和相关专业院校师生参阅。

　　丛书编写过程中，得到相关单位和同行的大力支持，书中参考选用了同类书籍、文献和生产厂家的不少资料，在此一并表示衷心地感谢。

　　丛书涉及专业、学科面较宽，收集、归纳、整理的工作量大，再加上时间仓促、水平有限，缺点错误在所难免，恳请广大读者批评指正。

马秀让

本 书 前 言

　　油泵是油品收、发、输转的动力，它好比人的心脏，是油库的核心设备。油泵的选择安装好坏，不但涉及工程投资，而且影响到油库建成后运行管理经营费用的合理性，所以本书是丛书中重要的一册。

　　全书共十一章。第一章介绍了泵的类型、分类方法和选择泵的原则、资料、方法及泵的用途。第二章～第九章分别介绍了离心泵、滑片泵、螺杆泵、齿轮泵、电动往复泵、液压潜油泵、水环式真空泵、摆动转子泵等 8 种油泵的工作原理、结构特点、性能参数、完好标准、操作使用、故障排除、维护检修。第十章介绍泵机组的安装运转。第十一章介绍泵的技术鉴定。

　　本书的特点是既对各种泵做了概述，又重点对 8 种油泵予以讲解，特别是对油库使用较多的离心泵予以全面详细的介绍。

　　本书可供油料各级管理部门和油库、加油站的业务技术干部和及油库一线操作人员阅读使用，也可供油库、加油站工程设计与施工人员和相关专业院校师生参阅。

　　本书在编写过程中，参阅了大量有关书刊、标准、规范，对这些作者深表谢意；同时在编写时得到了同行及相关单位的大力支持，在此一并表示感谢。

　　由于编写人员水平有限，缺点、错误在所难免，恳请同行批评指正。

编　者

目　录

第一章　泵的分类、用途及选用

第一节　泵的分类及用途

一、泵的分类

泵的类型复杂，品种规格繁多，分类方法不统一。

(一)按工作原理分

按其工作原理泵可分为叶片泵和容积泵两大类。

(1)叶片泵。叶片泵是利用叶片和液体相互作用来输送液体，如离心泵、涡流泵、轴流泵和旋涡泵等。

(2)容积泵。容积泵是利用工作室容积周期性变化来输送液体，如往复泵、齿轮泵、螺杆泵、柱塞泵和滑板泵等。

(二)其他分类方法

泵的分类除了按工作原理分类外，还可按用途分为工业用泵和农用泵；按输送液体性质分为清水泵、污水泵、油泵、酸泵、液氨泵、泥浆泵和液态金属泵等；按性能、用途宽窄和结构特点分为一般用泵和特殊泵；按工作压力大小分为低压泵、中压泵、高压泵和超高压泵等。

(三)常用泵的分类

常用泵的分类见图1-1。

二、泵的用途

泵在油库中被称为油库的"心脏"。油库常用的有离心泵、水环式真空泵、滑片泵、齿轮泵、螺杆泵等。

离心泵用于输送轻质油品；水环式真空泵用于为离心泵

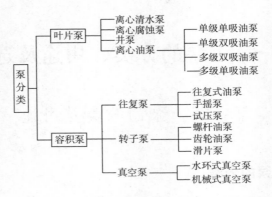

图 1-1 泵的分类

吸入系统抽真空、灌泵，抽吸油罐车底油；滑片泵可代替真空泵抽真空、灌泵，抽吸油罐车底油，也可以输送轻质油品；齿轮泵输送润滑油；螺杆泵输送润滑油、专用燃料油或柴油。

第二节　泵机组的选择

一、选泵的原则

（1）应选择国家和行业认定的正规厂家生产的有合格证的产品。

（2）应根据所输油品性质选择泵的类型。输送轻质油品应选离心泵，输送黏油宜选用容积泵。为离心泵灌泵或抽吸运油容器底油亦宜选用容积泵。

（3）泵的性能选择应根据输油流量及管径、高差等工况，经过计算比较后确定。

（4）按照《石油库设计规范》GB 50074 的要求，输油泵和备用泵的设置尚应符合下列规定：

①输送有特殊要求的油品时，应设专用输油泵和备用泵。

②连续输送同一种油品的油泵，当同时操作的油泵不多于3台时，可设1台备用泵；当同时操作的油泵多于3台时，备用泵不应多于2台。

③经常操作但不连续运转的油泵不宜单独设置备用泵，可与输送性质相近油品的油泵互为备用或共设1台备用泵。

④不经常操作的油泵，不应设置备用油泵。

二、泵初选资料

（一）油库常用泵比较

油库常用泵比较见表1-1～表1-3。

表1-1　油库常用泵工作性能比较

项目	离心泵	往复泵	滑片泵	齿轮泵	螺杆泵
转速	转速高，通常为1500～3000r/min或更高	往复次数低，通常在140r/min以下	一般在1500～2000r/min		一般在1500r/min以下，某些较小的泵可达3000r/min
流量	流量均匀	流量不均匀	流量均匀	流量均匀，但比离心泵差些	流量均匀
	流量随扬程而变化	流量只与往复次数有关，而与工作压力无关	流量只与转速有关，而与工作压力无关		
	流量范围大，通常为10～350m³/h，最大可达10000m³/h以上	流量范围较小，通常在10～50m³/h以内	流量范围大，3～200m³/h	流量小，通常在10～50m³/h	流量范围大，通常为0.52～300m³/h，最大可达2000m³/h
扬程	扬程与流量有关，在一定流量下只能供给一定扬程	扬程由输送高度和管路阻力决定	扬程由输送高度和管路阻力决定，与流量无关		

项目	离心泵	往复泵	滑片泵	齿轮泵	螺杆泵
扬程	单级泵扬程一般为 10 ~ 80m，多级泵扬程可达 300m 以上程	当泵和管路有足够的强度、原动机有足够的功率时，扬程可无限增高	工作压力一般为 $(2 ~ 8) \times 10^5 Pa$	当泵和管路有足够的强度、原动机有足够的功率时，扬程可无限增高	
	工作压力一般为 $10 \times 10^5 Pa$	使用工作压力一般在 $10 \times 10^5 Pa$ 以下		工作压力较低，一般为 4 $\times 10^5 Pa$ 以下	一般工作压力为 $(4 ~ 40) \times 10^5 Pa$，最大工作压力可达 40 $\times 10^6 Pa$
功率	功率范围大，一般可达 500kW 以内，最大可达 1000kW 以上	功率小，一般在 20kW 以内	功率范围 2.2 ~ 55kW	功率小，一般在 10kW 以内	功率范围很大，一般在 500kW 以内，最大可达 2000kW 以上
效率	效率较高，一般为 0.50 ~ 0.90	效率一般为 0.72 ~ 0.93	效率一般为 0.45 ~ 0.85	效率一般为 0.60 ~ 0.90	效率高，一般为 0.80 ~ 0.90
	在额定流量下效率最高，随着流量变化，效率也降低	在不同压力下，效率仍保持较大值		工作压力很高时，效率会降低	
允许吸入真空高度	一般为 5 ~ 7m，最大可达 8m 以上	一般可达 8m	一般可达 5 ~ 9m	一般在 6.5m 以上	一般为 4.5 ~ 6m

表1-2 油库常用泵操作使用比较

操作使用＼泵类型	离心泵	往复泵、齿轮泵和螺杆泵
开 泵	不能自吸，开泵前必须先灌泵；开泵前必须先关闭排出阀	能自吸，第一次使用前往泵内加入少量油料起润滑和密封作用即可；开泵前必须打开排出系统的所有阀门
运 转	可短时间关闭排出阀运转；管路堵塞时泵不致损坏	不允许关闭排出阀运转；管路堵塞时泵可能损坏
流量调节	调节排出阀；调节转速（有可能时）；个别情况下也可采用回流调节	调节回流管的回流阀；调节泵转速（往复泵适当调节往复次数）
油料黏度对泵工作的影响	适合输送轻油；输送黏油时，效率迅速降低，甚至不能工作	往复泵和螺杆泵适合输送黏油，也可输送柴油，且效率变化不大；齿轮泵适合输送黏油，输送黏度小的油品时效率降低；不适宜输送汽油、煤油
吸入系统漏气对泵工作的影响	少量漏气即会使泵工作中断	少量漏气，泵仍能工作，但效率降低
停 泵	若泵的排出端未装逆止阀，停泵前须先关闭排出阀	停泵后才能关闭排出管路阀门

表1-3 油库常用泵主要优缺点及适用范围

油泵类型	离心泵	往复泵	齿轮泵	螺杆泵
优点	结构简单，体积小，价格便宜；故障少，使用维修方便；能与原动机直接连接；流量均匀，工作可靠；流量和扬程范围很大	能自吸；允许吸入真空高度大，一般可达8m；效率高；能够输送黏油，效率变化不大	能自吸；结构简单，体积小；故障少，使用方便；能与原动机直接连接；流量较均匀；能够输送黏油	能自吸；结构简单，体积小；故障少，使用方便；能与原动机直接连接；工作平稳，流量均匀；流量和扬程范围很大，效率高；能够输送黏油和轻油
缺点	不能自吸；不能输送黏油；小型泵效率较低	结构复杂，体积大，价格贵；工作时振动大，流量不均匀；往复次数低；不能与原动机直接连接；零件多，故障多，检修困难；不宜于输汽油、煤油	零件加工要求高，价格贵；流量和扬程范围较小；不宜于输汽油、煤油	零件加工要求高，价格高；对输送介质要求很严，不能含有固体颗粒；不宜于输汽油、煤油
适用范围	输送汽油、煤油、柴油和清水；流量和扬程范围很大	输送润滑油、锅炉燃料油和柴油；抽吸油罐车底油（小型泵）；适合高压下输送少量液体	能输送润滑油和锅炉燃料油；适合流量和扬程小的场合	输送润滑油、锅炉燃料油和柴油；流量和扬程范围很大，在高扬程、大流量下工作时效率高

（二）油泵使用情况调研及评价

1986年受中国石化销售公司委托，由株州石油储存研究所、黑龙江商学院、中南石油公司、营口制桶厂和商业部设计院等单位联合组成油泵调研课题组,调研了 62 个油库、17 个厂家,634 台油泵,取得了宝贵资料,分析整理撰写出《油泵使用情况调研报告》。时间已过去了 30 年,目前油库用泵情况有较大的改善,但"报告"提出的问题及油泵的评价仍有参考价值,故现将主要内容摘编如下。

(1)油库中油泵较普遍存在问题

①油泵种类多,型号杂,生产厂家多,产品规格不配套,没有适用油库各种作业的专用系列。

②代用泵多:用水泵代油泵的约占 40%,几乎所有的轻油发油泵或库内转输泵都用水泵;用耐腐蚀泵及其他泵代油泵的约占 20%。

③很多油泵使用期已很长,结构陈旧、性能差、效率低、能耗大、经营费用高。

④有些油库的油泵选型不合理,"大马拉小车",泵工作系统效率低。

⑤油泵密封不良,泄漏较严重。

⑥泵机组噪声大。

⑦泵的维修保养管理不完善,无维修记录及设备档案。

(2)对石油库几种主要油泵的评价见表 1-4 ~ 表 1-6。

表 1-4 叶片式泵使用情况评价

泵　类	使用情况	主要优缺点	倾向性结论
Y 型油泵	原设计为炼厂用,但在油库中曾被广泛采用,目前约占轻油卸油泵的 70%	老式泵进出口朝上,对吸入及工艺安装不利,普遍反映不理想。目前已有进出口水平布置产品。Y 型泵效率低,只有 31% ~ 79%,能耗偏大	不理想,今后不应再选用

泵　类	使用情况	主要优缺点	倾向性结论
YS 单极双吸离心油泵	目前一些油库或新建库都选用轻油卸油、转输泵	它具有结构紧凑、体积小、重量轻，中开式、维修方便，效率高达 74% ~ 81%，居我国现有离心油泵之首，允许吸程一般 5m 左右，与 Y 型泵差不多，目前缺轻油发油用的系列产品	是目前国内较理想油泵，建议作为油库轻油泵系列产品
SH 型单极双吸水泵	目前油库也有用作轻油卸油泵，但为数不多	它具有 YS 型泵同样的结构性能，效率在 74% ~ 82%，最高达 86%，接近我国国家标准的 IS 新水泵系列的水平	
B、BA 型水泵、BY 型油泵	这三种泵广泛用于油库轻油发油及输转作业	这三种泵均属 B 型泵，BY 型是水泵改油泵。允许吸程用于水泵为 5 ~ 6m，最高达 7 ~ 8m，用于油泵要低得多。效率：当吸入口径 2″ 以下时达 50% ~ 65%；3″ ~ 6″ 时，65% ~ 75%；8″ 以上达 80% 左右，比新产品 IS 系列水泵低	这三种泵均被 IS 型泵取代，今后不得选用
F 型耐腐蚀泵	曾被选作轻油泵，但油库中选用此泵不合理	结构简单，吸入方便，耐酸、碱腐蚀。但效率不高，只有 40% ~ 78%	油库中当油泵不宜继续选用
自吸泵	这种泵可用作活动泵	有一定自吸能力，吸程高达 6 ~ 7.5m，但效率低，只有 38% ~ 74%。造价较高	不宜作为油库常规用泵
YG 型管道离心油泵	一些油库作为轻油收发及输转用泵	结构简单，占地面积小，可露天设置并配有机械密封。效率低，仅 30% ~ 75%，允许吸程 4.5 ~ 8m。更换机械密封不方便	可望作为露天首选油泵之一

表 1-5　容积式泵使用情况评价

泵　类	使用情况	主要优缺点	倾向性结论
DS 型电动柱塞往复泵	多数油库用作黏油卸油泵	这种泵缸数少，一般为 2 个，少数 3 个。流量不均匀，波动大，易振动。允许吸程只有 4～5.5m。效率低，只有 40%～55%，噪声大，笨重，造价高	油库不宜再选用
CY 型齿轮泵	用作黏油收发作业，以发油多	效率低，只有 40%～55%，允许吸程 5～7m，个别的只有 3m，噪声大	油库不选用为宜
螺杆油泵	适用于黏油输送，在一些油库已有使用	此泵输送液体的黏度范围大，有的用于柴油；压力选择范围亦宽，工作平稳；有一定自吸能力；噪声大；允许吸程一般为 4m。效率比上两种泵都高，当排量在 5m³/h 以下时，效率为 50%～70%，排量在 10～100m³/h 时为 70%～82%。它对介质过滤要求较严，一般不允许带机械杂质和铁锈等	在油库黏油装卸中优先选用此泵

表 1-6　油泵常用密封性能比较

比较项目	密封形式		
	机械密封	耐油橡胶骨架密封	填料密封
泄漏量	小于 10mL/h	小	大
连续使用寿命	1 年以上	800～2000h	2～3 个月
间断使用寿命	2～3 年	1.5～2 年	
允许工作温度	−45～2005℃	−40～100℃	−50～600℃
结　构	复杂	简单	简单
装　拆	不便	不便	简便
安装技术要求	高	低	低
价　格	高	便宜	低廉
与轴摩擦功率损耗	小	较大	大
轴磨损	微小	较大	大

三、离心泵选择的计算

（一）离心泵选择的步骤及方法

（1）根据收发油任务，确定所需泵的流量 Q（一般在任务书中已给定）。

（2）计算泵所需要的总扬程 H。

$$H = (h_{损} + \Delta H_{位差}) \times [1 + (5\% \sim 15\%)] \qquad (1-1)$$

式中　　$h_{损}$——吸入管和排出管的沿程阻力与局部阻力之和，m；

　　　　$\Delta H_{位差}$——吸入罐最低液位到排出罐最高液位间的几何高度差，m；

$5\% \sim 15\%$——选泵时对总扬程所取的安全系数。

（3）根据 Q、H 在泵样本上初选泵。

（4）校核泵的工作点。将油库管路的特性曲线（全部作业的管路、至少是主要作业的管路）与泵的特性曲线绘在同一座标上，两种特性曲线相交得工作点，若工作点在泵的高效区，则此泵选得好，若不在高效区，需重新选泵。

（5）确定泵的安装高度。首先计算或换算泵的允许吸入真空高度，然后再计算泵的安装高度。

（二）选泵计算

（1）选用油泵时，按下式计算泵的允许吸入真空高度 $H_{S允}$：

$$H_{S允} = \frac{P_{大气}}{\rho g} - \frac{P_{蒸}}{\rho g} + \frac{v_{吸}^2}{2g} - \Delta h_{允} \qquad (1-2)$$

式中　　$P_{大气}$——油库所在地区的大气压，Pa；

　　　　$P_{蒸}$——所输送油料的饱和蒸气压，Pa；

　　　　$v_{吸}$——泵吸入口处液体流速，m/s；

　　　　ρ——所输送油料的密度，kg/m³；

　　　　g——重力加速度，m/s²；

　　　　$\Delta h_{允}$——允许汽蚀余量，m，可由泵样本查得。

（2）选用水泵时，在样本上载有该泵在大气压为 9.8 ×

$10^4 Pa$，输送 20℃的清水时的允许吸入真空高度 $H_{S允}$，应按下式换算泵工作条件下的允许吸入真空高度 $H'_{S允}$。

$$H_{S允}, = \frac{P_{大气}}{\rho g} - \frac{P_{蒸}}{\rho g} + H_{S允} - 10 \qquad (1-3)$$

式中　$\frac{P_{大气}}{\rho g}$——油库所在地区的大气压力（m 液柱），由所在地的海拔高度，查得相应的大气压力（mH_2O），再用下式加以换算。

$$H_\delta(m 液柱) = \frac{H_\delta(mH_2O)}{\rho g} \times 1000 \qquad (1-4)$$

$\frac{P_{蒸}}{\rho g}$ 泵送液体的饱和蒸气压（m 液柱），由所在地的最高气温（可为卸油的最高油温），查得相应的饱和蒸气压（mH_2O），再用上述式（1-4）换算为（m 液柱）。

（3）泵的安装高度 $h_{安}$ 按下式计算。

$$h_{安} = H'_{S允} - \frac{v_{吸}^2}{2g} - h_{吸损} \qquad (1-5)$$

式中　$H'_{S允}$——对油泵是按式（10-2）计算而得，对水泵是按式（1-3）换算而得；

　　　$v_{吸}$——泵吸入口处液体流速；

　　　g——重力加速度；

　　　$h_{吸损}$——是泵吸入管的阻力损失，当鹤管从铁路油罐车收油时，$h_{吸损}$ 是吸入管、集油管和鹤管阻力损失之总和。

（三）鹤管汽阻校核

用鹤管从油罐车上部卸油时，从鹤管最高点至油罐车液面，在保证最高点处油料不产生汽阻时的最大垂直高度按下式计算（见图 1-1）。

$$[h_x] \leqslant \frac{P_{大气}}{\rho g} - \frac{P_{蒸}}{\rho g} - \frac{v_{鹤}^2}{2g} - h_损 \qquad (1-6)$$

式中 $v_{鹤}$——鹤管中的液体流速；

　　$h_{损}$——从鹤管下部进油口至最高点处管段的阻力损失；

　　其余符号意义同上。

（四）用图解法校核离心泵吸入系统的正常工作（即绘制真空－剩余压力图）

（1）离心泵吸入系统正常工作的条件为 $\dfrac{P_{绝}}{\rho g} \geqslant \dfrac{P_{蒸}}{\rho g}$ 以及 $H_{S允} \leqslant H_S$ 其中：

$$\frac{P_{绝}}{\rho g} = \frac{P_{大气}}{\rho g} - \Delta h - \frac{v^2}{2g} - h_{损} \tag{1-7}$$

$$H_S = \frac{P_{大气}}{\rho g} - \frac{P_{绝}}{\rho g} = \Delta h + \frac{v^2}{2g} + h_{损} \tag{1-8}$$

式中 $\dfrac{P_{绝}}{\rho g}$——泵的吸入系统中，任一点的绝对压力（在卸油系统中又称剩余压力）；

　　Δh——计算点与油罐车液面的标高差，计算点高于罐车液面时，Δh 为正值，反之为负值；

　　v——计算点处的管中油品流速；

　　$h_{损}$——由鹤管进油口至计算点的阻力损失；

　　H_S——吸入系统中任一点的真空度；

　　其余符号意义同前。

（2）绘制真空－剩余压力图，见图1-2和图1-3。

绘制真空－剩余压力图时，应以油罐车液面最低时的不利条件为基准，并可省略"$\dfrac{v^2}{2g}$"这一项。绘制和校核步骤如下：

①计算出吸入管各段的阻力损失。

②按比例绘制卸油管路纵断面图（图中纵横坐标的比例可不同）。

③由油罐车最底液面向上截取当地大气压所换算的油柱高 $P_{大气}/\rho g$。

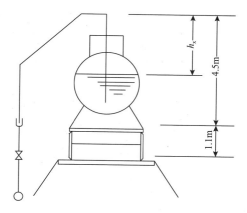

图 1-2　用鹤管从油罐车上部卸油示意图

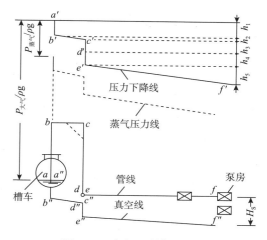

图 1-3　真空－剩余压力图

④在 aa' 截取 $a'b'$，使其等于管段 ab 的阻力损失 h_1。

⑤分别在通过管路上 c、d、e、f 各点的垂线上，从 $P_{大气}/\rho g$ 中截取 ac、ad、ae 和 af 的阻力损失，得 c'、d'、e' 和 f'。图中所示 h_2、h_3、h_4、h_5 分别为管路 bc、cd、de、ef 各段的阻力损失。

⑥连接 a'、b'、c'、d'、f' 诸点所得的折线即为压力下降线。

管路中任一点至压力下降线之间的纵坐标高度，代表了该点处油料的剩余压力（即绝对压力）。

⑦将压力下降线向下平移距离 $P_蒸/\rho g$，得蒸气压力线。

（3）分析

①蒸气压力线若与管路相交，则在交点处管路就可能发生汽阻。

②将压力下降线向下平移距离 $P_{大气}/\rho g$，得真空线 $a''b''c''d''e''f''$。真空线至管路任一点之间的纵坐标高度，等于该处油料的真空度 H_S。在泵吸入口处的 H_S 小于泵的允许吸入真空高度 $H_{S允}$ 时，吸入系统才能正常工作。

③如果蒸气压力线与管路相交，或者管中油料的 $H_S > H_{S允}$ 时，可采取下述措施予以克服：

（a）改变鹤管形式，降低鹤管的高度（如图中虚线所示）。

（b）将可能发生汽阻的管路前段直径加大，以减少管路的阻力损失。

（c）在可能条件下，将泵的位置向油罐车方向移动或降低泵的标高。

（五）离心泵选泵计算举例

例如某油库需要扩建，选用油泵并进行校核，任务和资料如下：

收发任务：每天最大收油量为900t，可以同时用3根鹤管卸油。

油料：70号车用汽油，密度 $\rho = 720 \text{kg/m}^3$，黏度 $\upsilon = 0.6 \times 10^{-6} \text{m}^2/\text{s}$

地形资料：铁路轨顶至最高最远的12号油罐的距离为2000m，输送高度为55m；至最近最低的1号油罐的距离为1300m，输送高度为45m；泵吸入管长度为25m，轨顶至油罐车底部高度1.1m。

管路材料：排出管用 DN150 无缝钢管；吸入管和集油管用 DN200 无缝钢管；鹤管用 DN100 无缝钢管，共12根，每根长 14m，间距 12m；其他管件如图 1-4 所示。

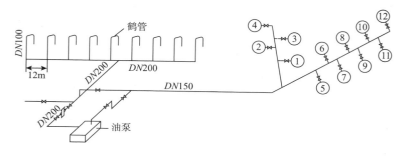

图 1-4　管路流程示意图

（1）泵的流量。根据收发任务，每天按 8h 计算，所需泵的流量为：

$$Q = \frac{900 \times 1000}{720 \times 8} = 156(\mathrm{m}^3/\mathrm{h})$$

（2）确定泵的扬程。泵的扬程应等于管路所需要的扬程，可按下式计算：

$$H_{管} = iL + (Z_2 - Z_1)$$

式中　i——每 m 管路的阻力损失，也称水力坡度；

　　　L——管路的总长度（含局部阻力损失的当量长度）；

　　　Z_2——管路终点的标高；

　　　Z_1——管路起点的标高。

管路所需要的扬程包括阻力损失和输送高度两部分，选泵时应当按需要扬程最大的管路来计算。在本题中，12 号油罐的管路最长，输送高度也最大，故按 12 号油罐的管路计算。

①排出管路的阻力损失。管路的阻力损失包括沿程阻力损失和局部阻力损失两部分。对于排出管来说，局部阻力损失所占的比例甚小，因此不逐一计算，而将沿程阻力损失增加 5%，即放大 1.05 倍即可。

根据流量 Q、管径 d 和油品黏度 v 查表得排出管的水力坡度 $i_排 = 0.04$。

$$h_{排损} = i_排 \times 1.05 L_排 = 0.04 \times 1.05 \times 2000 = 84(\text{m})$$

②吸入管的阻力损失。吸入管路较短，局部阻力损失所占的比例较大，计算时各管件应换算为当量长度，根据换算结果得 $L_{吸当} = 26.2\text{m}$，查表得 $i_吸 = 0.09$。

$$h_{吸损} = i_吸(L_吸 + L_{吸当}) = 0.009 \times (25 + 26.2) = 0.46(\text{m})$$

③集油管的阻力损失。集油管中流量是逐渐增加的，为简化，此处按最大流量计算，更加安全。

$$h_{集损} = i_集(L_集 + L_{集当当}) = 0.009 \times (12 \times 5.5 + 28.4) = 0.85(\text{m})$$

④鹤管的阻力损失。用三根鹤管同时卸油时，每根鹤管的流量可近似地按总流量的三分之一计算，水力坡度由流速和管径查表得。

$$Q_鹤 = Q/3 = 156/3 = 52(\text{m}^3/\text{h})$$

$$h_{鹤损} = i_鹤(L_鹤 + L_{鹤管}) = 0.04 \times (14 + 12.2) = 1.05(\text{m})$$

⑤输送高度。12 号油罐液面与轨顶的高差为 55m，油罐车最低液面与轨顶的高差为 1.1m，则泵的实际输送高度：

$$Z_2 - Z_1 = 55 - 1.1 = 53.9(\text{m})$$

上述各阻力损失与输送高度之和，就是管路所需要的扬程：

$$H_管 = 84 + 0.46 + 0.85 + 1.05 + 53.9 = 140.26(\text{m})$$

（3）选择油泵。根据任务流量 Q 和管路所需的扬程，从泵样本上选用 150Y - 150A 型油泵，$Q = 167.5\text{m}^3/\text{h}$，$H = 130\text{m}$。

（4）校核泵的工作点。往不同油罐输油时，泵的工作状态是不同的。校核时，只要泵在需要扬程最高和最低的两条管路上工作时，工作点在泵的高效率区内，则在其他管路上工作时，泵的工作点也一定在高效率区内。在本例题中，12 号油罐是最远最高的油罐，其管路所需要的扬程最大；1 号油罐是最近最低的油罐，其管路所需要的扬程最小。所以，只要校核泵往 12 号和 1 号油罐输油时的工作状态就可以了。

校核采用图解法。

①作泵的 $Q - H$ 曲线和 $Q - \eta$ 曲线（图 1-5）。

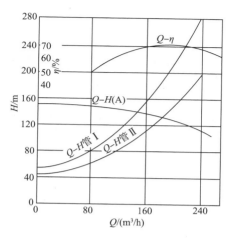

图 1-5 校核泵工作点(150Y-150A)

②作出从鹤管到 12 号油罐管路的特性曲线 $Q-H_{管12}$。输送高度 53.9m。不同流量时,阻力损失及管路总扬程见表 1-7。

表 1-7 不同流量时,到 12 号罐的阻力损失及管路总扬程计算数据

流量 $Q/$ (m³/h)	0	40	60	80	100	120	140	160	180	200	220	240
阻力损失 /m $h_{排损}$	0	6.1	13.5	24.0	38.8	53.8	73.0	94.5	121.0	148.0	178.5	216.3
$h_{吸损}$	0	0.03	0.07	0.13	0.20	0.29	0.39	0.51	0.65	0.79	0.95	1.14
$h_{集损}$	0	0.06	0.12	0.24	0.37	0.54	0.73	0.94	1.19	1.46	1.76	2.10
$h_{鹤损}$	0	0.08	0.16	0.29	0.42	0.63	0.87	1.10	1.57	1.75	2.09	2.49
$h_{总损}$	0	6.3	13.8	24.7	39.8	55.3	75.0	97.1	124.4	152.0	183.3	222.0
$H_{管}=h_{总损}+$ 53.9(m)	53.9	60.2	67.8	78.6	93.7	109.2	128.9	150.9	178.3	205.9	237.2	275.9

注:鹤管流量取表中流量的 1/3 计算。

③作出从鹤管到 1 号油罐管路的特性曲线 $Q-H_{管1}$。鹤管、集油管和吸入管的阻力损失与表 1-7 相同。排出管的计算长度为 $1.05L_{排}=1365m$,输送高度 43.9m。计算数据见表 1-8。

从图 1-5 中看出，泵的工作点均在 65% 以上，所选的泵是合适的。

表 1-8　不同流量时，到 1 号罐的阻力损失计算数据

流量 Q/(m^3/h)	0	40	60	80	100	120	140	160	180	200	220	240
$h_{集损}$/m	0	3.95	8.74	15.5	25.2	35.0	47.5	61.5	78.5	91.2	116.0	140.6
$h_{总损}$/m	0	4.1	9.1	16.2	26.2	36.5	49.5	64.1	81.9	95.2	120.8	146.3
$H_{管}$/m	43.9	48.2	53.0	60.1	70.1	80.4	93.4	108.0	125.8	139.1	164.7	190.2

注：$h_{总损}$ 中含 $h_{吸损}$、$h_{集损}$、$h_{鹤损}$，其值与表 10-9 相同。

(5) 确定泵的安装高度。首先在样本上查得该油泵在大气压为 9.8×10^4 Pa，输送温度在 20℃ 以下清水时的允许汽蚀余量 $\Delta h_允$ 为 4.5m。油库所在地区海拔高度 23m，大气压力 $P_{大气}$ = 9.8×10^4 Pa；夏季油罐车运输途中最高油温 39℃，该温度下汽油的饱和蒸气压 $\rho_蒸$ = 6.9×10^4 Pa。从图 1-4 看出，泵的最大流量是向 1 号罐输油时的流量，$Q_{最大}$ = 184m^3/h。吸入管的流速采用最大流量时的流速 $V_吸$ = 1.63m/s。

将上述数据代入公式 (1-2)，就可求得该泵输送汽油时的允许吸入真空高度：

$$H_{S允} = \frac{P_{大气}}{\rho g} - \frac{P_蒸}{\rho g} + \frac{V_吸^2}{2g} - \Delta h_允$$

$$= (10 - 6.9) \times 1000 \times 9.8/(720 \times 9.8) + 1.63^2/(2 \times 9.8) - 4.5$$

$$= -0.06 (m)$$

泵的安装高度按公式 (1-5) 计算 (油泵 $H'_{S允} = H_{S允}$)：

$$h_安 = H'_{S允} - \frac{v_吸^2}{2g} - (h_{吸损} + h_{集损} + h_{鹤损})$$

$$= -0.06 - 1.63^2/(2 \times 9.8) - (0.68 + 1.24 + 1.61)$$

$$= -0.06 - 0.136 - 3.53 = -3.726 (m)$$

计算结果表明，为了保证泵不产生汽蚀，泵的吸入口应在

油罐车最低液面下 3.726m 处，若以轨顶为基准（轨顶至油罐车最低液面高差 1.1m），泵的吸入口应在轨顶下 2.616m 处。

（6）汽阻校核。夏季气温较高，用鹤管从油罐车卸油时，当罐车中油面下降到某一高度时，常常产生汽阻。因此，必须进行汽阻校核。

鹤管的正常工作条件是：

$$\frac{P_绝}{\rho g} > \frac{P_蒸}{\rho g}$$

式中 $P_绝$ 是鹤管最高点的绝对压力，它与鹤管中的阻力损失 $h_损$ 和该点与罐车油面间的高度 h_x 有关（见图 1-2），即：

$$\frac{P_绝}{\rho g} = \frac{P_大气}{\rho g} - h_损 - \frac{V^2}{2g} - h_x$$

鹤管段的阻力损失 $h_损$，当最大流量为 184m³/h（鹤管中的流量取其 1/3）时，鹤管中的最大流速 $V = 2.17$m/s，水力坡度 $i = 0.058$。鹤管最高点的绝对压力随着 h_x 的增大而减小。但必须大于油料的饱和蒸气压。在不产生汽阻时，h_x 的最大值按下式计算：

$$\frac{P_大气}{\rho g} - h_损 - \frac{V^2}{2g} - h_x > \frac{P_蒸}{\rho g}$$

$$\frac{1000 \times 10 \times 9.8}{720 \times 9.8} - 0.058 \times 4.5 - \frac{2.17^2}{2 \times 9.8} - h_x > \frac{7.2 \times 1000 \times 9.8}{720 \times 9.8}$$

得：$h_x < 3.39$m

计算表明，在接收温度为 39℃ 的车用汽油时，在油面与鹤管最高点的距离等于 3.39m 时，鹤管即产生汽阻。这时油罐车中油面距罐车底部的高度为 4.5 - 3.39 = 1.11（m）。

四、容积泵的选择要点

油库中输送黏度较高的油品（如润滑油、锅炉燃料油等），主要采用容积泵，有往复泵、齿轮泵、螺杆泵等。

往复泵具有效率高，并且黏度增高时对效率影响不大的特点。由于往复泵是以泵内容积变化来工作的，不仅能抽油，而且能抽气，所以它有较强的"干吸"能力。开泵之前，即使泵及吸入管有空气，它也能把油品吸上来。往复泵的主要缺点是结构复杂，排量不均匀，不能与电动机、柴油机等直接连接，输送介质不能有任何杂质。

齿轮泵主要适用于小流量黏油的输送。

螺杆泵是用来输送黏油最好的一种泵，它具有结构简单，尺寸小，排量均匀，没有脉动现象，能与电动机直接连接，效率高（$\eta = 0.85 \sim 0.90$）等优点。

目前，油库装卸油选用螺杆泵多，流量小或灌装油桶时，选用齿轮泵，现在也有选用高黏滑片泵的.

五、真空泵的选择要点

油库的水环式真空泵一般采用 SZ－2 型，个别油库也采用 SZ－3 型。SZ 型泵可作真空泵，也可作压缩机。它不仅能为离心泵灌泵和对油罐车扫舱，还能提供一定压力的压缩空气，供某些需要压缩空气的场合应用。例如用作压力卸油和射流元件的气源等等。

真空泵的选择，应满足工艺要求的真空度和抽气速率。真空泵由引油及扫舱的水力计算确定，抽气速率 Q_g 根据真空系统容积（设备和管线）、抽气时间、系统的起始压力及经历某时间后的压力，按下式计算：

$$Q_g = 2 \cdot 3 \frac{V}{t} \lg \frac{P_1}{P_2} \qquad (1-9)$$

式中　Q_g——真空系统的抽气速率，m^3/min；

　　　　V——真空系统容积，m^3；

　　　　t——抽气时间，min；

　　　　P_1——系统开始抽气时的绝对压力，Pa；

　　　　P_2——系统经历 t 时间后的绝对压力，Pa。

真空泵样本上给出的抽气速率数值是在标准状态下（即大气压力为 760mmHg，温度为 0℃），用装在真空泵出口的气体流量计测得的瞬时流量，所以要将业务需要的真空系统的抽气速率用式(1-10)换算成标准状态下的抽气速率。

$$Q' = Q_g \cdot \frac{T_b}{T} \cdot \frac{P}{P_b} = Q_g \cdot \frac{T_b}{T} \cdot \frac{(P_1 + P_2)}{2P_b} \qquad (1-10)$$

式中　T_b——标准状态下的温度，℃；

　　　P_b——标准状态下的压力，Pa。

　　　　其他符号意义同前。

在一般油库泵房中，对真空泵的主要要求是真空度，抽气速率问题不大。

六、常用泵机组样本摘编

（一）GY、GYU 型管道油泵

(1)GY、GYU 型管道油泵简介见表1-9，性能参数见表1-10。

表1-9　GY、GYU 型管道油泵简介

项　目	简　介		
(1)标准	GY、GYU 型便拆式管道泵为国家专利产品，设计制造符合美国石油协会 API610《石油、重化学和天然气工业用离心泵》的有关规定		
(2)适用性	泵可输送清洁的或含有少量固体物的石油、液化油气等介质，特别是输送易燃、易爆或有毒的液体		
(3)形式	立式单级单吸离心泵	GY 型泵	排出口与吸入口的中心线在同一水平面的直线上
		GYU 型泵	吸入口和排出口的中心线相互平行在同一水平面上，且位于泵体同一侧，泵体呈 U 形
(4)性能	(a)工作压力		该泵的工作压力为 2.5MPa
	(b)输送介质温度		输送介质的温度为 -35~105℃，装冷却系统后，输送介质的最高温度为350℃
	(c)性能范围（按设计点）	流量	5.3~1500m³/h
		扬程	10.8~200m

表 1-10 GY、GYU 型泵性能参数

型 号		流量/ (m³/h)	扬程/ m	转速/ (r/min)	效率/ %	电机 功率/ kW	汽蚀 余量/ m	质量/ kg
65GY20	65GYU20	25	20	2900	65	3	2.5	108
65GY20A	65GYU20A	21.25	14.5	2900	64	2.2	2.5	98
65GY32	65GYU32	25	32	2900	60	4	2.5	151
65GY32A	65GYU32A	21.25	23.1	2900	58	3	2.5	108
65GY50	65GYU50	25	50	2900	52.1	11	2.5	203
65GY50A	65GYU50A	21.25	36.1	2900	52	5.5	2.5	195
65GY95	65GYU95	25	95	2900	42.1	18.5	2.5	270
65GY95A	65GYU95A	21.25	68.6	2900	41	15	2.5	252
65GY95B	65GYU95B	19.5	57.8	2900	39	11	2.5	241
80GY15	80GYU15	50	15.5	2900	68.8	4	3	138
80GY15A	80GYU15A	42.4	10.8	2900	64.5	3	3	127
80GY25	80GYU25	50	26	2900	68.7	5.5	3	175
80GY25A	80GYU25A	42.5	18	2900	67	4	3	138
80GY32	80GYU32	50	32	2900	67.2	7.5	3	183
80GY32A	80GYU32A	42.5	23.1	2900	66	5.5	3	174
80GY50	80GYU50	50	50	2900	63.1	15	3	258
80GY50A	80GYU50A	42.5	36.1	2900	62	11	3	215
80GY80	80GYU80	50	80	2900	57	22	3	296
80GY80A	80GYU80A	42.5	57.8	2900	55	15	3	235
80GY125	80GYU125	50	125	2900	49	45	3	496
80GY125A	80GYU125A	42.5	90	2900	48	30	3	420
80GY150	80GYU150	50	150	2900	48	55	3	565
80GY150A	80GYU150A	45.5	125	2900	48	45	3	496
80GY150B	80GYU150B	40	96	2900	48	30	3	326
80GY200	80GYU200	50	200	2900	38.8	90	3	895
80GY200A	80GYU200A	42.5	144.5	2900	37.5	75	3	825

型　　号		流量/ （m³/h）	扬程/ m	转速/ （r/min）	效率/ %	电机 功率/ kW	汽蚀 余量/ m	质量/ kg
100GY25	100GYU25	100	25	2900	73	11	4	340
100GY25A	100GYU25A	85	18.1	2900	71	7.5	4	262
100GY40	100GYU40	100	40	2900	72.5	18.5	4	340
100GY40A	100GYU40A	85	28.9	2900	71	11	4	302
100GY60	100GYU60	100	60	2900	70.3	30	4	440
100GY60A	100GY60A	85	43.4	2900	67.5	22	4	360
100GY95	100GYU95	100	95	2900	64.9	45	4	550
100GY95A	100GYU95A	85	68.6	2900	64.5	30	4	460
100GY125	100GYU125	100	125	2900	61.5	75	4	825
100GY125A	100GYU125A	85	90	2900	60	45	4	840
100GY150	100GY150	100	150	2900	58.8	90	4	910
100GY150A	100GY150A	85	108	2900	55.8	55	4	649
100GY200	100GYU200	100	200	2900	53	132	4	960
100GY200A	100GYU200A	85	144.5	2900	52	90	4	1290
125GY32	125GYU32	200	32	1450	80	30	3	610
125GY32A	125GYU32A	180	24	1450	77	20	3	520
125GY50	125GYU50	200	50	1450	74	55	3	871
125GY50A	125GYU50A	180	38	1450	71.5	37	3	701
125GY80	125GYU80	200	80	1080	68	90	3	1080
125GY80A	125GYU80A	180	61	1450	66	75	3	950
125GY125	125GYU125	200	125	2900	74	110	5	1350
125GY125A	125GYU125A	180	97	2900	71.5	90	5	1150
125GY150	125GYU150	150	150	2900	64.5	110	5	1380
125GY150A	125GYU150A	127.5	108	2900	63	75	5	1060
125GY200	125GYU200	200	200	2900	68	200	5.2	2100
125GY200A	125GYU200A	180	155	2900	66	160	5.2	1850

型　号		流量/ (m³/h)	扬程/ m	转速/ (r/min)	效率/ %	电机 功率/ kW	汽蚀 余量/ m	质量/ kg
150GY25	150GYU25	200	25	1450	76	22	2.5	464
150GY25A	150GYU25A	170	18.1	1450	72	15	2.5	403
150GY40	150GYU40	200	40	1450	73.2	37	2.5	730
150GY40A	150GYU40A	170	28.9	1450	70	22	2.5	560
150GY60	150GYU60	200	60	1450	68.6	55	2.5	946
150GY60A	150GYU60A	170	43.4	1450	65.5	45	2.5	795
150GY95	150GYU95	200	95	2900	73.7	90	5.5	1115
150GY95A	150GYU95A	170	68.6	2900	70.5	55	5.5	854
150GY150	150GYU150	200	150	2900	68	132	5.5	1390
150GY150A	150GYU150A	170	108	2900	66	90	5.5	960
200GY25	200GYU25	360	25	1450	79.1	37	3.6	710
200GY25A	200GYU25A	306	18.1	1450	75	22	3.6	584
200GY40	200GYU40	360	40	1450	78.5	55	3.6	880
200GY40A	200GYU40A	306	28.9	1450	76	37	3.6	710
200GY60	200GYU60	360	60	1450	75.9	90	3.6	1130
200GY60A	200GYU60A	306	43.4	1450	72.9	55	3.6	880
200GY95	200GYU95	360	95	1450	70.9	160	3.6	1450
200GY95A	200GYU95A	306	68.6	1450	69.9	90	3.6	1130
200GY125	200GYU125	300	125	1450	63.7	185	3.6	1950
200GY125A	200GYU125A	255	90	1450	62.5	132	3.6	1450
200GY200	200GYU200	300	200	1450	56.3	355	3.6	4750
200GY200A	200GYU200A	255	144.5	1450	55	220	3.6	3150

注：本表摘自浙江某科技股份有限公司产品样本。

（2）GY 型管道泵安装尺寸，见表 1-11。

（3）GYU 型管道泵安装尺寸，见表 1-12。

（二）GZB、GZ 型自吸管道泵

GZB、GZ 型自吸管道泵简介见表 1-13，性能参数见表 1-14，安装尺寸见表 1-15。

表 1-11　GY 型管道泵安装尺寸

mm

GY 型管道泵安装尺寸图

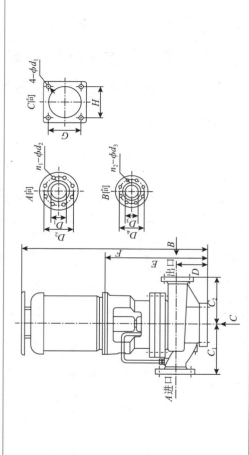

型 号	电机机座号	功率/kW	C_1	C_2	D	F	G	H	ϕd_1	铸铁法兰尺寸				钢法兰尺寸			
										D_1	D_2	D_3	D_4	D_1	D_2	D_3	D_4
65GY20	100L-2	3	230		160	808	200	200	$\phi19$	$\phi65$	$\phi145$	$\phi65$	$\phi145$	$\phi65$	$\phi145$	$\phi65$	$\phi145$
65GY20A	90L-2	2.2	230		160	763	200	200	$\phi19$	$\phi65$	$\phi145$	$\phi65$	$\phi145$	$\phi65$	$\phi145$	$\phi65$	$\phi145$
65GY32	112M-2	4	230		160	925	210	130	$\phi19$	$\phi65$	$\phi145$	$\phi65$	$\phi145$	$\phi65$	$\phi145$	$\phi65$	$\phi145$

型号	电机机座号	功率/kW	C_1	D	F	G	H	ϕd_1	铸铁法兰尺寸				钢法兰尺寸			
									D_1	D_2	D_3	D_4	D_1	D_2	D_3	D_4
65GY32A	100L-2	3	230	160	895	210	130	φ19	φ65	φ145	φ65	φ145	φ65	φ145	φ65	φ145
65GY50	160M1-2	11	230	160	1055	200	200	φ19	φ65	φ145	φ50	φ125	φ65	φ145	φ50	φ125
65GY50A	132S1-2	5.5	230	160	940	200	200	φ19	φ65	φ145	φ50	φ125	φ65	φ145	φ50	φ125
65GY95	160L-2	18.5	230	160	1155	200	200	φ19	φ65	φ145	φ50	φ125	φ65	φ145	φ50	φ125
65GY95A	160M2-2	15	230	160	1115	200	200	φ19	φ65	φ145	φ50	φ125	φ65	φ145	φ50	φ125
65GY95B	160M1-2	11	230	160	1115	200	200	φ19	φ65	φ145	φ50	φ125	φ65	φ145	φ50	φ125
80GY15	112M-2	4	280	190	920	220	90	φ19	φ80	φ160	φ80	φ160	φ80	φ160	φ80	φ160
80GY15A	100L-2	3	280	190	860	220	90	φ19	φ80	φ160	φ80	φ160	φ80	φ160	φ80	φ160
80GY25	132S1-2	5.5	280	190	960	220	90	φ19	φ80	φ160	φ80	φ160	φ80	φ160	φ80	φ160
80GY25A	112M-2	4	280	190	910	220	90	φ19	φ80	φ160	φ80	φ160	φ80	φ160	φ80	φ160
80GY32	132S2-2	7.5	280	190	960	220	90	φ19	φ80	φ160	φ80	φ160	φ80	φ160	φ80	φ160
80GY32A	132S1-2	5.5	280	190	960	220	90	φ19	φ80	φ160	φ80	φ160	φ80	φ160	φ80	φ160
80GY50	160M2-2	15	280	190	1085	220	140	φ19	φ80	φ160	φ65	φ145	φ80	φ160	φ65	φ145
80GY50A	160M1-2	11	280	190	1085	220	140	φ19	φ80	φ160	φ65	φ145	φ80	φ160	φ65	φ145
80GY80	180M-2	22	280	190	1170	220	220	φ19	φ80	φ160	φ50	φ125	φ80	φ160	φ50	φ125
80GY80A	160M2-2	15	280	190	1095	220	220	φ19	φ80	φ160	φ50	φ125	φ80	φ160	φ50	φ125
80GY125	225M-2	45	300	190	1405	240	240	φ22	φ80	φ160	φ65	φ145	φ80	φ160	φ65	φ145

型 号	电机座号	功率/kW	C_1	D	F	G	H	ϕd_1	铸铁法兰尺寸				钢法兰尺寸			
									D_1	D_2	D_3	D_4	D_1	D_2	D_3	D_4
80GY125A	200L1-2	30	300	190	1370	240	240	φ22	φ80	φ160	φ65	φ145	φ80	φ160	φ65	φ145
80GY150	250M-2	55	300	190	1470	240	240	φ22	φ80	φ160	φ65	φ145	φ80	φ160	φ65	φ145
80GY150A	225M-2	45	300	190	1375	240	240	φ22	φ80	φ160	φ65	φ145	φ80	φ160	φ65	φ145
80GY150B	200L1-2	30	300	190	1340	240	240	φ22	φ80	φ160	φ65	φ145	φ80	φ160	φ65	φ145
80GY200	280M-2	90	300	190	1745	240	240	φ22	φ80	φ160	φ65	φ145	φ80	φ160	φ65	φ145
80GY200A	280S-2	75	300	190	1695	240	240	φ22	φ80	φ160	φ65	φ145	φ80	φ160	φ65	φ145
100GY25	160M1-2	11	300	200	1155	240	240	φ20	φ100	φ180	φ100	φ180	φ100	φ190	φ100	φ190
100GY25A	132S2-2	7.5	300	200	1010	240	240	φ20	φ100	φ180	φ100	φ180	φ100	φ190	φ100	φ190
100GY40	160L-2	18.5	300	200	1225	240	210	φ20	φ100	φ180	φ100	φ180	φ100	φ190	φ100	φ190
100GY40A	160M1-2	11	300	200	1185	240	210	φ20	φ100	φ180	φ100	φ180	φ100	φ190	φ100	φ190
100GY60	200L1-2	30	300	172	1358	300	180	φ20	φ100	φ180	φ100	φ180	φ100	φ190	φ100	φ190
100GY60A	180M-2	22	300	172	1310	300	180	φ20	φ100	φ180	φ100	φ180	φ100	φ190	φ100	φ190
100GY95	225M-2	45	350	200	1390	304	304	φ22	φ100	φ190	φ80	φ160	φ100	φ190	φ80	φ160
100GY95A	200L1-2	30	350	200	1355	304	304	φ22	φ100	φ190	φ80	φ160	φ100	φ190	φ80	φ160
100GY125	280S-2	75	350	200	1629	304	304	φ22	φ100	φ190	φ80	φ160	φ100	φ190	φ80	φ160
100GY125A	225M-2	45	350	200	1489	304	304	φ22	φ100	φ190	φ80	φ160	φ100	φ190	φ80	φ160
100GY150	280M-2	90	350	200	1680	304	304	φ22	φ100	φ190	φ80	φ160	φ100	φ190	φ80	φ160

型　号	电机机座号	功率/kW	C_1	D	F	G	H	ϕd_1	铸铁法兰尺寸				钢法兰尺寸			
									D_1	D_2	D_3	D_4	D_1	D_2	D_3	D_4
100GY150A	250M-2	55	350	200	1555	304	304	φ22	φ100	φ190	φ80	φ160	φ100	φ190	φ80	φ160
100GY200	315M1-2	132	350	200	2220	304	304	φ22	φ100	φ190	φ80	φ160	φ100	φ190	φ80	φ160
100GY200A	280M-2	90	350	200	1790	304	304	φ22	φ100	φ190	φ80	φ160	φ100	φ190	φ80	φ160
125GY32	200L-4	30	450	310	1535	304	304	φ22	φ125	φ220	φ125	φ220	φ125	φ220	φ125	φ220
125GY32A	180L-4	22	450	310	1480	304	304	φ22	φ125	φ220	φ125	φ220	φ125	φ220	φ125	φ220
125GY50	250M-4	55	450	310	1680	304	304	φ22	φ125	φ220	φ125	φ220	φ125	φ220	φ125	φ220
125GY50A	225S-4	37	450	310	1505	304	304	φ22	φ125	φ220	φ125	φ220	φ125	φ220	φ125	φ220
125GY80	280M-4	90	520	310	1805	318	318	φ22	φ125	φ220	φ100	φ190	φ125	φ220	φ100	φ190
125GY80A	280S-4	75	520	310	1775	318	318	φ22	φ125	φ220	φ100	φ190	φ125	φ220	φ100	φ190
125GY125	315S-2	110	520	310	2083	350	350	φ28	φ125	φ220	φ100	φ190	φ125	φ220	φ100	φ190
125GY125A	280M-2	90	520	310	1783	350	350	φ28	φ125	φ220	φ100	φ190	φ125	φ220	φ100	φ190
125GY150	315S-2	110	520	310	2090	350	350	φ28	φ125	φ220	φ100	φ190	φ125	φ220	φ100	φ190
125GY150A	280S-2	75	520	310	1740	350	350	φ28	φ125	φ220	φ100	φ190	φ125	φ220	φ100	φ190
125GY200	315L2-2	200	520	310	2390	350	350	φ28	φ125	φ220	φ100	φ190	φ125	φ220	φ100	φ190
125GY200A	315M2-2	160	520	310	2220	350	350	φ28	φ125	φ220	φ100	φ190	φ125	φ220	φ100	φ190
150GY25	180L-4	22	450	310	1480	304	304	φ22	φ150	φ240	φ150	φ240	φ150	φ250	φ150	φ250
150GY25A	160L-4	15	450	310	1430	304	304	φ22	φ150	φ240	φ150	φ240	φ150	φ250	φ150	φ250
150GY40	225S-4	37	450	310	1585	304	304	φ22	φ150	φ240	φ150	φ240	φ150	φ250	φ150	φ250
150GY40A	180L-4	22	450	310	1560	304	304	φ22	φ150	φ240	φ150	φ240	φ150	φ250	φ150	φ250

型号	电机机座号	功率/kW	C_1	D	F	G	H	ϕd_1	铸铁法兰尺寸				钢法兰尺寸			
									D_1	D_2	D_3	D_4	D_1	D_2	D_3	D_4
150GY60	250M-4	55	520	310	1680	304	304	φ22	φ150	φ240	φ100	φ180	φ150	φ250	φ100	φ190
150GY60A	225M-4	45	520	310	1595	304	304	φ22	φ150	φ240	φ100	φ180	φ150	φ250	φ100	φ190
150GY95	280M-2	90	520	310	1889	304	304	φ22	φ150	φ250	φ100	φ190	φ150	φ250	φ100	φ190
150GY95A	250M-2	55	520	310	1764	304	304	φ22	φ150	φ250	φ100	φ190	φ150	φ250	φ100	φ190
150GY150	315M-2	132	520	310	2260	350	350	φ28	φ150	φ250	φ100	φ190	φ150	φ250	φ100	φ190
150GY150A	280M-2	90	520	310	1970	350	350	φ28	φ150	φ250	φ100	φ190	φ150	φ250	φ100	φ190
200GY25	225S-4	37	650	350	1605	450	450	φ32	φ200	φ295	φ200	φ295	φ200	φ320	φ200	φ320
200GY25A	180L-4	22	650	350	1510	450	450	φ32	φ200	φ295	φ200	φ295	φ200	φ320	φ200	φ320
200GY40	250M-4	55	650	350	1785	450	450	φ32	φ200	φ295	φ200	φ295	φ200	φ320	φ200	φ320
200GY40A	225S-4	37	650	350	1700	450	450	φ32	φ200	φ295	φ200	φ295	φ200	φ320	φ200	φ320
200GY60	280M-4	90	675	350	1910	450	450	φ32	φ200	φ295	φ200	φ295	φ200	φ320	φ200	φ320
200GY60A	250M-4	55	675	350	1785	450	450	φ32	φ200	φ295	φ200	φ295	φ200	φ320	φ200	φ320
200GY95	315M2-4	160	675	350	2353	450	450	φ32	φ200	φ295	φ150	φ240	φ200	φ320	φ150	φ250
200GY95A	280M-4	90	675	350	2103	450	450	φ32	φ200	φ295	φ150	φ240	φ200	φ320	φ150	φ250
200GY125	315L1-4	185	700	350	2770	495	495	φ40	φ200	φ295	φ150	φ240	φ200	φ320	φ150	φ250
200GY125A	315M1-4	132	700	350	2600	495	495	φ40	φ200	φ295	φ150	φ240	φ200	φ320	φ150	φ250
200GY200	450S2-4	355	720	375	3140	565.5	565.5	φ40	φ200	φ295	φ150	φ240	φ200	φ320	φ150	φ250
200GY200A	315M1-4	220	720	375	2970	565.5	565.5	φ40	φ200	φ295	φ150	φ240	φ200	φ320	φ150	φ250

表1-12 GYU型管道泵安装尺寸

mm

GYU型管道泵安装尺寸图

型号	电机 机座号	功率 /kW	C_1	C_2	C_3	D	F	G	H	Q	d_1	铸铁法兰尺寸				钢法兰尺寸			
												D_1	D_2	D_3	D_4	D_1	D_2	D_3	D_4
65GYU20	100L-2	3	230	100	110	160	816	200	240	90	19	φ65	φ145	φ65	φ145	φ65	φ145	φ65	φ145
65GYU20A	90L-2	2.2	230	100	110	160	769	200	240	90	19	φ65	φ145	φ65	φ145	φ65	φ145	φ65	φ145
65GYU32	112M-2	4	30	100	110	160	925	200	210	85	19	φ65	φ145	φ65	φ145	φ65	φ145	φ65	φ145
65GYU32A	100L-2	3	230	100	110	160	895	200	210	85	19	φ65	φ145	φ65	φ145	φ65	φ145	φ65	φ145
65GYU50	160M1-2	11	230	100	110	160	1055	200	240	90	19	φ65	φ145	φ50	φ125	φ65	φ145	φ50	φ125

续表

型号	电机机座号	功率/kW	C_1	C_2	C_3	D	F	G	H	Q	d_1	铸铁法兰尺寸				铜法兰尺寸			
												D_1	D_2	D_3	D_4	D_1	D_2	D_3	D_4
65GYU50A	132S1-1	5.5	230	100	110	160	940	200	240	90	19	φ65	φ145	φ50	φ125	φ65	φ145	φ50	φ125
65GYU95	160L-2	18.5	230	100	110	160	1155	200	240	90	19	φ65	φ145	φ50	φ125	φ65	φ145	φ50	φ125
65GYU95A	160M2-2	15	230	100	110	160	1115	200	240	90	19	φ65	φ145	φ50	φ125	φ65	φ145	φ50	φ125
65GYU95B	160M1-2	11	230	100	110	160	1115	200	240	90	19	φ65	φ145	φ50	φ125	φ65	φ145	φ50	φ125
80GYU15	112M-2	4	280	100	130	190	920	220	220	105	19	φ80	φ160	φ80	φ160	φ80	φ160	φ80	φ160
80GYU15A	100L-2	3	280	100	130	190	860	220	220	105	19	φ80	φ160	φ80	φ160	φ80	φ160	φ80	φ160
80GYU25	132S1-2	5.5	280	100	130	190	960	220	220	105	19	φ80	φ160	φ80	φ160	φ80	φ160	φ80	φ160
80GYU25A	112M-2	4	280	100	130	190	910	220	220	105	19	φ80	φ160	φ80	φ160	φ80	φ160	φ80	φ160
80GYU32	132S2-2	7.5	280	105	130	190	960	220	250	140	19	φ80	φ160	φ80	φ160	φ80	φ160	φ80	φ160
80GYU32A	132S1-2	55	280	105	130	190	960	220	250	140	19	φ80	φ160	φ80	φ160	φ80	φ160	φ80	φ160
80GYU50	160M2-2	15	280	100	120	190	1085	220	250	140	19	φ80	φ160	φ65	φ145	φ80	φ160	φ65	φ145
80GYU50A	160M1-2	11	280	100	120	190	1085	220	250	140	19	φ80	φ160	φ65	φ145	φ80	φ160	φ65	φ145
80GYU80	180M-2	22	280	90	125	190	1230	220	250	140	22	φ80	φ160	φ50	φ125	φ80	φ160	φ50	φ125
80GYU80A	160M2-2	15	280	90	125	190	1155	220	250	140	22	φ80	φ160	φ50	φ125	φ80	φ160	φ50	φ125
80GYU125	225M-2	45	350	133	165	210	1393	220	320	140	30	φ80	φ160	φ65	φ145	φ80	φ160	φ65	φ145
80GYU125A	200L1-2	30	350	133	165	210	1358	110	320	140	30	φ80	φ160	φ65	φ145	φ80	φ160	φ65	φ145
80GYU150	250M-2	55	400	133	165	190	1514	304	304	248	30	φ80	φ160	φ65	φ145	φ80	φ160	φ65	φ145

型号	电机机座号	功率/kW	C_1	C_2	C_3	D	F	G	H	Q	d_1	铸铁法兰尺寸				铜法兰尺寸			
												D_1	D_2	D_3	D_4	D_1	D_2	D_3	D_4
80GYU150A	225M-2	45	400	133	165	190	1419	304	304	248	30	φ80	φ160	φ65	φ145	φ80	φ160	φ65	φ145
80GYU150B	200L1-2	30	400	133	165	190	1384	304	304	248	30	φ80	φ160	φ65	φ145	φ80	φ160	φ65	φ145
80GYU200	280M-2	90	400	133	165	190	1745	304	304	248	30	φ80	φ160	φ65	φ145	φ80	φ160	φ65	φ145
80GYU200A	280S-2	75	400	133	165	190	1695	304	304	248	30	φ80	φ160	φ65	φ145	φ80	φ160	φ65	φ145
100GYU25	160M1-2	11	300	120	150	200	1155	240	300	120	22	φ100	φ190	φ100	φ190	φ100	φ190	φ100	φ190
100GYU25A	132S2-2	7.5	300	120	150	200	1010	240	300	120	22	φ100	φ190	φ100	φ190	φ100	φ190	φ100	φ190
100GYU40	160L-2	18.5	300	120	150	200	1225	240	300	120	22	φ100	φ190	φ100	φ190	φ100	φ190	φ100	φ190
100GYU40A	160M1-2	11	300	120	150	200	1185	240	300	120	22	φ100	φ190	φ100	φ190	φ100	φ190	φ100	φ190
100GYU60	200L1-2	30	300	120	150	172	1358	300	350	100	30	φ100	φ190	φ100	φ190	φ100	φ190	φ100	φ190
100GYU60A	180M-2	22	300	120	150	172	1310	300	350	100	30	φ100	φ190	φ100	φ190	φ100	φ190	φ100	φ190
100GYU95	225M-2	45	350	160	190	200	1390	304	360	142	30	φ100	φ190	φ80	φ160	φ100	φ190	φ80	φ160
100GYU95A	200L1-2	30	350	160	190	200	1355	304	360	142	30	φ100	φ190	φ80	φ160	φ100	φ190	φ80	φ160
100GYU125	280S-2	75	350	160	190	200	1629	304	360	142	30	φ100	φ190	φ80	φ160	φ100	φ190	φ80	φ160
100GYU125A	225M-2	45	350	160	190	200	1489	304	360	142	30	φ100	φ190	φ80	φ160	φ100	φ190	φ80	φ160
100GYU150	280M-2	90	400	160	190	200	1640	304	400	152	30	φ100	φ190	φ80	φ160	φ100	φ190	φ80	φ160
100GYU150A	250M-2	55	400	160	190	200	1524	304	400	152	30	φ100	φ190	φ80	φ160	φ100	φ190	φ80	φ160
100GYU200	315M1-2	132	450	160	200	200	2220	304	400	202	30	φ100	φ190	φ80	φ160	φ100	φ190	φ80	φ160

型号	电机机座号	功率/kW	C_1	C_2	C_3	D	F	G	H	Q	d_1	铸铁法兰尺寸				钢法兰尺寸			
												D_1	D_2	D_3	D_4	D_1	D_2	D_3	D_4
100GYU200A	280M-2	90	450	160	200	200	1790	304	400	202	30	φ100	φ190	φ80	φ160	φ100	φ190	φ80	φ160
125GYU32	200L-4	30	450	140	200	310	1535	350	490	135	30	φ125	φ220	φ125	φ220	φ125	φ220	φ125	φ220
125GYU32A	180L-4	22	450	140	200	310	1480	350	490	135	30	φ125	φ220	φ125	φ220	φ125	φ220	φ125	φ220
125GYU50	250M-4	55	450	140	200	310	1680	350	490	135	30	φ125	φ220	φ125	φ220	φ125	φ220	φ125	φ220
125GYU50A	225S-4	37	450	140	200	310	1505	350	490	135	30	φ125	φ220	φ125	φ220	φ125	φ220	φ125	φ220
125GYU80	280M-4	90	520	140	200	310	1805	350	490	205	30	φ125	φ220	φ100	φ190	φ125	φ220	φ100	φ190
125GYU80A	280S-4	75	520	140	200	310	1775	350	490	205	30	φ125	φ220	φ100	φ190	φ125	φ220	φ100	φ190
125GYU125	315S-2	110	520	160	220	310	2169	350	490	205	30	φ125	φ220	φ100	φ190	φ125	φ220	φ100	φ190
125GYU125A	280M-2	90	52	160	220	310	1869	350	490	205	30	φ125	φ220	φ100	φ190	φ125	φ220	φ100	φ190
125GYU150	315S-2	110	520	160	220	310	2090	350	490	205	30	φ125	φ220	φ100	φ190	φ125	φ220	φ100	φ190
125GYU150A	280S-2	75	520	160	220	310	1740	350	490	205	30	φ125	φ220	φ100	φ190	φ125	φ220	φ100	φ190
125GYU200	315L2-2	200	520	190	260	310	2390	350	490	205	30	φ125	φ220	φ100	φ190	φ125	φ220	φ100	φ190
125GYU200A	315M2-2	160	520	190	260	310	2220	350	490	205	30	φ125	φ220	φ100	φ190	φ125	φ220	φ100	φ190
150GYU25	180L-4	22	450	160	220	310	1480	350	490	135	30	φ150	φ250	φ150	φ250	φ150	φ250	φ150	φ250
150GYU25A	160L-4	15	450	160	220	310	1430	350	490	135	30	φ150	φ250	φ150	φ250	φ150	φ250	φ150	φ250
150GYU40	225S-4	37	450	190	260	310	1585	350	490	135	30	φ150	φ250	φ150	φ250	φ150	φ250	φ150	φ250
150GYU40A	180L-4	22	450	190	260	310	1560	350	490	135	30	φ150	φ250	φ150	φ250	φ150	φ250	φ150	φ250
150GYU60	250M-4	55	520	191	261	318	1778	350	490	205	30	φ150	φ250	φ100	φ190	φ150	φ250	φ100	φ190
150GYU60A	225M-4	45	520	191	261	318	1693	350	490	205	30	φ150	φ250	φ100	φ190	φ150	φ250	φ100	φ190

型号	电机机座号	功率/kW	C_1	C_2	C_3	D	F	G	H	Q	d_1	铸铁法兰尺寸				钢法兰尺寸			
												D_1	D_2	D_3	D_4	D_1	D_2	D_3	D_4
150GYU95	280M-2	90	520	191	261	310	1889	350	490	205	30	φ150	φ250	φ100	φ190	φ150	φ250	φ100	φ190
150GYU95A	250M-2	55	520	191	261	310	1764	350	490	205	30	φ150	φ250	φ100	φ190	φ150	φ250	φ100	φ190
150GYU150	315M1-2	132	520	160	220	310	2305	350	490	205	30	φ150	φ250	φ100	φ190	φ150	φ250	φ100	φ190
150GYU150A	280M-2	90	520	160	220	310	2015	350	490	205	30	φ150	φ250	φ100	φ190	φ150	φ250	φ100	φ190
200GYU25	225S-4	37	650	180	250	350	1605	450	625	250	30	φ200	φ310	φ200	φ310	φ200	φ310	φ200	φ310
200GYU25A	180L-4	22	650	180	250	350	1510	450	625	250	30	φ200	φ310	φ200	φ310	φ200	φ310	φ200	φ310
200GYU40	250M-4	55	650	180	250	350	1785	450	625	250	30	φ200	φ310	φ200	φ310	φ200	φ310	φ200	φ310
200GYU40A	225S-4	37	650	180	250	350	1700	450	625	250	30	φ200	φ310	φ200	φ310	φ200	φ310	φ200	φ310
200GYU60	280M-4	90	675	180	250	350	1910	450	625	275	30	φ200	φ310	φ200	φ310	φ200	φ310	φ200	φ310
200GYU60A	250M-4	55	675	180	250	350	1785	450	625	275	30	φ200	φ310	φ200	φ310	φ200	φ310	φ200	φ310
200GYU95	315M2-4	160	675	200	300	350	2353	450	625	275	30	φ200	φ310	φ150	φ250	φ200	φ310	φ150	φ250
200GYU95A	280M-4	90	675	200	300	350	2103	450	625	275	30	φ200	φ310	φ150	φ250	φ200	φ310	φ150	φ250
200GYU125	315L1-4	185	700	200	300	350	2770	495	625	322	40	φ200	φ310	φ150	φ250	φ200	φ310	φ150	φ250
200GYU125A	315M1-4	132	700	200	300	350	2600	495	625	322	40	φ200	φ310	φ150	φ250	φ200	φ310	φ150	φ250
200GYU200	450S2-4	355	720	200	320	375	3140	495	625	342	40	φ200	φ310	φ150	φ250	φ200	φ310	φ150	φ250
200GYU200A	315M1-4	220	720	200	320	375	2970	495	625	342	40	φ200	φ310	φ150	φ250	φ200	φ310	φ150	φ250

表 1 - 13　GZB、GZ 型自吸管道泵简介

项　目	简　介
(1)概况	GZB、GZ 两种泵均可自吸，其中 GZB 型为便拆式自吸管道泵
(2)适用性	用于输送黏度小于 $1cm^2/s$ 的易燃易爆的石油产品(汽油、煤油、柴油、航空油料等)和无腐蚀性的化工产品
(3)性能范围(按设计点以常温清水为介质)	①介质温度　$-20 \sim +180℃$
	②流量 Q　$6.25 \sim 1000m^3/h$
	③扬程 H　$20 \sim 120m$。可根据用户要求生产二节叶轮泵，最高扬程为 $240m(120 \times 2)$

表 1 - 14　GZB、GZ 型自吸管道泵主要性能参数

型　号	流量 Q		扬程 H/m	转速 n/(r/min)	效率 $\eta/\%$	配套功率 P/kW	汽蚀余量 $NPSH/m$	自吸5m时间 t/min	最大自吸高度 h/m	泵进出口径 ϕ/mm
	m^3/h	L/s								
50GZB - 20	12.5	3.47	20	2950	50	2.2	2.5	1.8	6.5	50×50
50GZB - 25	25	6.95	25	2950	55	3	2.5	1.5	7	50×50
50GZB - 32	12.5	3.47	32	2950	50	3	2.5	1.5	7	50×50
50GZB - 50	12.5	3.47	50	2950	49	5.5	2.5	1.2	7.5	50×50
50GZB - 75	12.5	3.47	75	2950	42	11	2.5	1.2	7.5	50×50
50GZB - 80	12.5	3.47	80	2950	43	11	2.5	1.2	7.5	50×50
50GZB - 100	12.5	3.47	115	2950	68	15	2.5	0.7	7.5	50×50
50GZB - 120	12.5	3.47	120	2950	70	15	2.5	0.7	7.5	50×50
65GZB - 25	25	6.95	25	2950	56	4	3	1.5	7	65×65
65GZB - 32	25	6.95	32	2950	58	4	3	1.5	7	65×65
80GZ - 15	50	13.9	15	2950	68	4	3.5	0.7	7.5	80×65
80GZ - 20	50	13.9	20	2950	68	5.5	3.5	0.7	7.5	80×65
80GZ - 25	50	13.9	25	2950	60	5.5	3.5	1.5	7	80×80
80GZ - 32	50	13.9	32	2950	62	7.5	3.5	1.5	7	80×80
80GZ - 45	50	13.9	45	2950	55	11	3.5	1.2	7.5	80×80
80GZ - 50	50	13.9	50	2950	56	15	3.5	1.2	7.5	80×80
80GZ - 50	60	16.68	55	2950	60	15	2.5	1.2	7.5	80×80
80GZ - 75	50	13.9	75	2950	50	22	3.5	1.2	7.5	80×80
80GZ - 80	50	13.9	80	2950	50	22	3.5	1.2	7.5	80×80
80GZB - 95	50	13.9	80	2950	50	30	3.5	1.2	7.5	80×80
80GZB - 100	50	13.9	95	2950	53	30	3.5	1.2	7.5	80×80
80GZB - 115	50	13.9	100	2950	52	37	3.5	1.2	7.5	80×80

型 号	流量 Q		扬程 H/m	转速 n/ (r/min)	效率 η/%	配套功率 P/kW	汽蚀余量 NPSH/m	自吸 5m 时间 t/ min	最大自吸高度 h/m	泵进出口径 ϕ/ mm
	m³/h	L/s								
80GZB – 120	50	13.9	115	2950	50	45	3.5	1.2	7.5	80×80
80GZB – 125	50	13.9	120	2950	52	45	3.5	1.2	7.5	80×80
100GZ – 15	100	27.8	15	2950	75	7.5	4.5	0.8	7	100×80
100GZ – 20	100	27.8	20	2950	76	11	4.5	0.8	7	100×80
100GZB – 25	100	27.8	25	2950	68	15	4.5	1.5	7	100×100
100GZB – 32	100	27.8	32	2950	68	15	4.5	2	6.5	100×100
100GZB – 40	100	27.8	40	1450	67	18.5	3.5	2	6.5	100×100
100GZB – 45	100	27.8	45	1450	66	22	3.5	1.5	7	100×100
100GZB – 50	100	27.8	50	2950	65	22	4.5	15	7	100×100
100GZB – 75	100	27.8	75	2950	60	37	4.5	1.5	7.5	100×100
100GZB – 80	100	27.8	80	2950	60	45	4.5	1.5	7.5	100×100
100GZB – 100	100	27.8	100	2950	61	55	4.5	1.5	7.5	100×100
100GZB – 115	100	27.8	115	2950	62	75	4.5	1.2	7.5	100×100
100GZB – 120	100	27.8	120	2950	62	75	4.5	1.2	7.5	100×100
100GZB – 125	100	27.8	125	2950	55	75	4.5	1.2	7.5	100×100
125GZB – 45	180	50	40	2950	70	37	4.8	2	6.5	125×125
125GZB – 50	180	50	50	2950	70	45	4.8	2	6.5	125×125
125GZB – 90	160	44.5	90	2950	68	55	1.8	1.5	7	125×125
125GZB – 100	160	44.5	100	2950	64	55	4.8	1.2	8	125×125
125GZB – 110	160	44.5	110	2950	63	75	4.8	1.2	8	125×125
125GZB – 115	160	44.5	115	1450	60	75	4	1.2	8	125×125
125GZB – 120	160	44.5	120	1450	62	90	4	1.2	8	125×125
125GZB – 125	160	44.5	125	1450	64	90	4	1.2	8	125×125
150GZ – 20	230	55.6	20	1450	75	22	4	0.8	8	150×125
150GZ – 25	230	55.6	25	1450	75	30	4	0.8	8	150×125
150GZ – 30	230	55.6	30	1450	75	30	4	0.8	8	150×125
150GZB – 45	200	55.6	45	2950	70	37	5	2	7	150×150
150GZB – 50	200	55.6	50	2950	70	45	5	2	7	150×150
150GZB – 60	200	55.6	60	1450	62	55	4	2	7	150×150
150GZB – 65	200	55.6	65	1450	65	55	4	1.5	7	150×150
150GZB – 75	200	55.6	75	2950	68	75	5	1.5	7	150×150
150GZB – 80	200	55.6	80	2950	68	75	5	1.5	7	150×150
150GZB – 100	200	55.6	100	1450	70	90	4	1.5	7	150×150
150GZB – 115	200	55.6	115	1450	73	90	4	1.2	7.5	150×150
150GZB – 120	200	55.6	120	1450	73	110	4	1.2	7.5	150×150

表1-15 GZB,GZ型自吸管道泵安装尺寸

mm

GZB型自吸管道泵外形安装示意图

GZ型自吸管道泵外形安装示意图

型号	L	H	A	B	F	K	d_3	进口法兰			出口法兰			电机		质量/
								ϕD	ϕD_m	ϕD_e	ϕD	ϕD_m	ϕD_e	机座号	电机功率/kW	kg
50GZB-20	746	341	196	319	220	180	14	50	110	140	50	110	140	YB90L-2	2.2	153
50GZB-25	880	380	340	340	230	200	18	50	110	140	50	110	140	YB112M-2	4	258
50GZB-32	850	380	340	340	230	200	18	50	100	140	50	110	140	YB100L-2	3	210
50GZB-50	893	401	241	369	300	240	18	50	125	160	50	125	160	YB132S$_1$-2	5.5	290
50GZB-75	940	430	373	382	324	280	18	50	125	160	50	125	160	YB132S$_2$-2	7.5	311
50GZB-80	1045	430	373	382	324	280	18	50	125	160	50	125	160	YB160M$_1$-2	11	380

型 号	L	H	A	B	F	K	d_3	进口法兰			出口法兰			电机		质量/kg
								ϕD	ϕD_m	ϕD_e	ϕD	ϕD_m	ϕD_e	机座号	功率/kW	
50GZ-100	1200	301	225	275	156	156	14	50	125	160	50	125	160	YB160M₂-2	15	430
50GZ-120	1200	301	225	275	156	156	14	50	125	160	50	125	160	YB160M₂-2	15	430
65GZB-25	802	385	225	347	230	200	18	65	130	160	65	130	160	YB100L-2	3	205
65GZB-32	847	385	225	347	230	200	18	65	130	160	65	130	160	YB112M-2	4	225
80GZ-15	763	353	225	260	237	237	18	80	150	185	65	145	185	YB112M-2	4	295
80GZ-20	813	353	225	260	237	237	18	80	150	185	65	145	185	YB132S₁-2	5.5	420
80GZB-25	865	401	246	364	275	200	18	80	150	185	80	150	185	YB132S₁-2	5.5	250
80GZB-32	905	401	246	364	275	260	18	80	150	185	80	150	185	YB132S₂-2	7.5	253
80GZB-45	1211	464	300	430	365	260	18	80	150	185	80	150	185	YB160M₁-2	11	415
80GZB-50	1211	464	300	430	365	200	18	80	150	185	80	150	185	YB160M₂-2	15	424
80GZB-75	1393	622	431	431	380	280	18	80	160	195	80	160	195	YB180M-2	22	436
80GZB-80	1393	622	431	431	380	280	18	80	160	195	80	160	195	YB180M-2	22	536
80GZB-95	1395	558	321	421	350	320	18	80	160	195	80	160	195	YB200L₁-2	30	560
80GZB-100	1392	558	321	421	350	320	18	80	160	195	80	160	195	YB200L₁-2	30	560
80GZB-115	1392	513	321	421	350	320	18	80	160	195	80	160	195	YB200L₂-2	37	725
80GZB-120	1397	513	321	421	350	320	18	80	160	195	80	160	195	YB225M-2	45	790
80GZB-125	1397	513	321	421	350	320	18	80	160	195	80	160	195	YB225M-2	45	800

型号	L	H	A	B	F	K	d_3	进口法兰			出口法兰			电机		质量/kg
								ϕD	ϕD_m	ϕD_e	ϕD	ϕD_m	ϕD_e	机座号	功率/kW	
100GZ-15	948	245	255	305	262	262	18	100	180	215	80	160	200	YB132S$_1$-2	5.5	295
100GZ-20	988	245	255	305	262	262	18	100	180	215	80	160	200	YB132S$_2$-2	7.5	440
100GZB-25	1085	450	280	380	250	240	18	100	180	215	100	180	215	YB160M$_1$-2	11	431
100GZB-32	1085	450	280	380	250	240	18	100	180	215	100	180	215	YB160M$_2$-2	15	440
100GZB-40	1395	636	435	565	600	560	23	100	180	215	100	180	215	YB160L-4	18.5	710
100GZB-45	1425	636	435	565	600	560	23	100	180	215	100	180	215	YB180M-4	22	750
100GZB-50	1330	498	305	435	400	280	18	100	180	215	100	180	215	YB180M-2	22	550
100GZB-75	1521	606	524	524	420	340	22	100	180	215	100	180	215	YB200L$_2$-2	37	795
100GZB-80	1526	606	524	524	420	340	22	100	180	215	100	180	215	YB225M-2	45	860
100GZB-100	1580	620	530	530	420	340	22	100	180	215	100	180	215	YB225M-2	45	1050
100GZB-115	1632	642	539	539	440	380	22	100	180	215	100	180	215	YB250M-2	55	1096
100GZB-120	1707	642	539	539	440	380	22	100	180	215	100	180	215	YB280S-2	75	1220
100GZB-125	1708	645	539	539	440	380	22	100	180	215	100	180	215	YB280S-2	75	1220
125GZB-45	1370	494	362	500	500	310	22	125	210	245	100	180	215	YB200L$_1$-2	30	745
125GZB-50	1410	494	362	500	500	310	22	125	210	245	125	210	215	YB200L$_2$-2	37	800
125GZB-90	1680	655	418	583	460	350	22	125	210	245	125	210	245	YB250M-2	55	1100
125GZB-100	1820	720	620	630	570	470	22	125	210	245	125	210	245	YB280S-2	75	1200

续表

型号	L	H	A	B	F	K	d_3	进口法兰			出口法兰			电机		质量/
								ϕD	ϕD_{m}	ϕD_{e}	ϕD	ϕD_{m}	ϕD_{e}	机座号	功率/kW	kg
125GZB-115	1876	776	680	680	600	500	22	125	210	245	125	210	245	YB280S-2	75	1250
125GZB-110	1800	655	428	575	510	335	22	125	210	245	125	210	245	YB280M-4	75	1900
125GZB-120	1800	655	428	575	510	335	22	125	210	245	125	210	245	YB280M-4	90	1900
125GZB-125	1800	655	428	575	510	335	22	125	210	245	125	210	245	YB280M-4	90	1900
150GZ-20	1245	435	405	470	417	417	18	125	210	250	150	240	280	YB160M$_2$-4	15	790
150GZ-25	1285	435	405	470	417	147	18	125	210	250	150	240	280	YB160L-4	18.5	925
150GZ-30	1615	505	445	510	470	470	18	125	210	250	150	240	280	YB180M-4	22	1010
150GZB-45	1530	494	362	500	500	310	22	150	240	280	150	240	280	YB200L$_2$-4	37	775
150GZB-50	1535	494	362	500	500	310	22	150	240	280	150	240	280	YB225M-2	45	840
150GZB-60	1752	805	528	656	670	440	23	150	240	280	150	240	280	YB250M-4	55	1100
150GZB-65	1752	805	528	656	670	440	23	150	240	280	150	240	280	YB250M-4	55	1100
150GZB-75	1490	655	418	583	460	350	23	150	240	280	150	240	280	YB280S-2	75	1210
150GZB-80	1490	655	418	583	460	350	23	150	240	280	150	240	280	YB280S-2	75	1210
150GZB-100	1850	720	620	630	570	470	26	150	240	280	150	240	280	YB280M-4	90	1600
150GZB-115	1885	766	680	680	600	500	26	150	240	280	150	240	280	YB280M-4	90	1900
150GZB-120	2105	776	680	680	600	500	26	150	240	280	150	240	280	YB315S-4	110	2200

（三）YA 型单、两级离心油泵

YA 型系列油泵，是北京水泵厂为满足石化行业发展的需要，研制开发的新系列油泵，产品符合《石油、重化学和天然气工业用离心泵》GB/T 3215—2007，基本符合 API610 规范，外形尺寸见厂家样本。流量范围为 50~600m³/h，扬程（H）范围为 30~300m，适于输送高温、高压、易燃、易爆及有毒的液体。YA 型单、两级离心油泵性能参数见表 1-16。

表 1-16　YA 型离心泵性能参数

泵型号	流量 Q/ (m³/h)	扬程 H/m	转速 n/ (r/min)	效率 η/%	汽蚀余量/m	功率 P/kW 轴功率	电机功率
80YA60	50	60		63	3.2	13	18.5
80YA60A	45	49		61	3.2	9.9	15
80YA60B	40	38		60	3.1	6.9	11
80YA100	50	100		56	3.1	24.3	37
80YA100A	45	85		55	3.1	19	30
80YA100B	40	73		54	2.9	14.7	22
100YA60	100	60		71	4.1	23	30
100YA60A	90	49		68	4.1	17.7	30
100YA60B	79	38		65	3.7	12.4	18.5
100YA120	100	120		64	4.3	51.1	75
100YA120A	93	108		62	4	44.1	55
100YA120B	86	94		60	3.8	36.7	45
100YA120C	79	75	2950	50	3.6	27.8	37
150YA75	180	75		75	4.5	49.1	75
150YA75A	160	62		73	4.5	37	45
150YA75B	145	44		70	4.4	24.8	37
150YA150	180	150		70	4.5	105	160
150YA150A	168	130		69	4.5	86.3	110
150YA150B	155	110		68	4.5	68.3	90
150YA150C	140	90		67	4.4	51.2	75
65YA100×2	25	200		47	2.8	29	45
65YA100×2A	23	175		46	2.8	23.8	37
65YA100×2B	22	150		45	2.7	20	30
65YA100×2C	20	125		43	2.7	15.8	22
80YA100×2	50	200		57	3.6	47.8	75

（四）DY、SDY 型多级离心油泵

DY、SDY 型多级离心油泵简介见表 1-17，性能参数见表 1-18。

表 1-17　DY、SDY 型多级离心油泵简介

项　目		简　介
（1）标准		DY、SDY 型多级离心油泵，设计与制造符合标准：《石油、重化学和天然气工业用离心泵》GB/T 3215—2007 和《输油离心泵型式与基本参数》JB/T 10114—1999
（2）适用性		适用于输送汽、煤、柴油及不含颗粒的石油产品或类似于水的其他介质
（3）形式	DY 型泵	入口管与出口管均垂直向上
	SDY 型泵	入口管水平布置，出口管垂直向上
（4）性能范围	适用温度	−45 ～ +400℃
	流量范围	1.6 ～85m³/h
	扬程范围	32 ～600m

表 1-18　DY、SDY 型多级离心油泵性能参数

泵型号	级数	流量 Q		扬程 H/m	转速 n/(r/min)	轴功率/kW	配带功率			效率 η/%	必须汽蚀余量/m	泵的质量/kg
		(m³/h)	(L/s)				功率/kW	电机型号				
DY 46 - 50 SDY 46 - 50	3	30	8.34	166.5		24.8	37	YB200L₂ - 2		56	3	380
		46	12.78	150		29.8	30	YB200L₁ - 2		63	3.5	
		54	15.0	138		32.35	18.5	YB160L - 2		60	4	
	4	30	8.34	222		32.8	45	YB225M - 2		56	3	400
		46	12.78	200		39.8	37	YB200L₂ - 2		63	3.5	
		54	15.0	184	2950	43.1	30	YB200L₁ - 2		60	4	
	5	30	8.34	277.5		40.12	55	YB250M - 2		56	3	420
		46	12.78	250		49.7	45	YB225M - 2		63	3.5	
		54	15.0	230		53.92	30	YB200L₁ - 2		60	4	
	6	30	8.34	333		48.14	75	YB280S - 2		56	3	440
		46	12.78	300		59.7	55	YB250M - 2		63	3.5	

泵型号	级数	流量 Q (m³/h)	流量 Q (L/s)	扬程 H/m	转速 n/ (r/min)	轴功率/ kW	配带功率 功率/ kW	配带功率 电机型号	效率 η/%	必须汽蚀余量/m	泵的质量/ kg
	6	54	15.0	276		64.71	37	YB200L₂－2	60	4	440
	7	30	8.34	338.5		56.17	75	YB280S－2	56	3	460
		46	12.78	350		69.6	55	YB250M－2	63	3.5	
		54	15.0	322		75.49	45	YB225M－2	60	4	
	8	30	8.34	440		64.19	90	YB280M－2	56	3	480
		46	12.78	400		79.5	75	YB280S－2	63	3.5	
		54	15.0	368		86.27	45	YB225M－2	60	4	
DY 46－50 SDY 46－50	9	54	8.34	499.5		71.78	110	YB315S－2	56	3	500
		85	12.78	450		89.5	75	YB280S－2	63	3.5	
		97	15.0	414		97.06	55	YB250M－2	60	4	
	10	54	8.34	555		80.24	110	YB315S－2	56	3	520
		85	12.78	500		99.4	90	YB280M－2	63	3.5	
		97	15.0	460	2950	107.84	55	YB250M－2	60	4	
	11	54	8.34	610.5		88.26	132	YB315M₁－2	56	3	540
		85	12.78	550		109.4	90	YB280M－2	63	3.5	
		97	15.0	506		118.36	75	YB280S－2	60	4	
	12	54	8.34	666		96.3	132	YB315M₁－2	56	3	560
		85	12.78	600		119.3	110	YB315S－2	63	3.5	
		97	15.0	552		129.41	75	YB280S－2	60	4	
DY 85－45 SDY 85－45	3	54	15	150		35.58	55	YB250M－2	62	3.2	250
		85	23.6	135		42.96	45	YB225M－2	68	4.9	
		97	27	120		45.29	30	YB200L₁－2	70	5.8	
	4	54	15	200		47.53	75	YB280S－2	62	3.2	275
		85	23.6	180		61.27	55	YB250M－2	68	4.9	
		97	27	160		60.37	37	YB200L₂－2	70	5.8	
	5	54	15	250		59.29	90	YB280M－2	62	3.2	300
		85	23.6	225		76.59	55	YB250M－2	68	4.9	
		97	27	200		75.47	55	YB250M－2	70	5.8	
	6	54	15	300		71.16	110	YB315S－2	62	3.2	325

| 泵型号 | 级数 | 流量 Q | | 扬程 H/m | 转速 n/ (r/min) | 轴功率/ kW | 配带功率 | | 效率 η/% | 必须汽蚀余量/m | 泵的质量/ kg |
		(m³/h)	(L/s)				功率/ kW	电机型号			
DY 85-45 SDY 85-45	6	54	23.6	270	2950	91.92	90	YB280M-2	68	4.9	325
		85	27	240		90.56	55	YB250M-2	70	5.8	
	7	54	15	350		83	132	YB315M₁-2	62	3.2	350
		85	23.6	315		107.2	90	YB280M-2	68	4.9	
		97	27	280		105.67	75	YB280S-2	70	5.8	
	8	54	15	400		94.88	160	YB315M₂-2	62	3.2	375
		85	23.6	360		122.55	110	YB315S-2	68	4.9	
		97	27	320		120.76	75	YB280S-2	70	5.8	
	9	54	15	450		106.7	160	YB315M₂-2	62	3.2	400
		85	23.6	405		137.87	132	YB315M₁-2	68	4.9	
		97	27	360		135.85	90	YB280M-2	70	5.8	

（五）IS 型单级离心水泵

IS 型单级离心水泵简介见表 1-19，性能参数表见表 1-20。

表 1-19　IS 型单级离心水泵简介

项　目	简　介	
（1）标准	ISO 2858 系列单级离心水泵，采用 ISO 标准进行设计制造	
（2）适用性	本系列泵用来输送不含固体颗粒、物理化学性质类似于水的液体，适用于工厂、矿山、城市给排水，农田排灌、加热和冷却、增压系统	
（3）订货注明	订货时可提出改变材质、匹配标准型或简易型机械密封，用于化工、化纤、冶金、医药、造纸、石油化工流程、酿造等行业	
（4）性能范围	①介质最高温度	不超过 80℃
	②流量	3～420m³/h
	③扬程	5～125m
（5）成套供应范围	泵、原动机、底座、附件（排出锥管、闸阀、底阀、止回阀）、备件（轴套）	

项　目	简　介
（6）结构特性	①离心泵为卧式、轴向吸入单级、单吸蜗壳式 ②泵的标准性能采用 ISO 2858—1975（E） ③装机械密封和软填料的空腔尺寸采用 ISO 3069—1974（E） ④底座尺寸和安装尺寸采用 ISO 3661—1977（E） ⑤泵体进出口法兰尺寸采用 ISO 2084（1.6MPa 一级） ⑥后开门结构不需拆管路系统，即可拆卸转子部件进行检修 ⑦泵出口及其管线位于泵脚中间的正上方，泵体受力均匀、振动小、噪声低 ⑧两种额定转数，允许在不高于 3300r/min 以下的转数范围内升速或降速运行

表 1 - 20　IS 型单级离心水泵性能参数

泵型号	流量 Q		扬程 H/m	转速 n/（r/min）	泵效率 η/%	功率 P/kW		允许汽蚀余量/m	泵质量/kg
	m³/h	L/s				轴功率	电机功率		
80 - 65 - 125	30 50 60	8.33 13.9 16.7	22.5 20 18	2900	64 75 74	2.87 3.63 3.98	5.5	3.0 3.0 3.5	101.7
80 - 65 - 125A	44.7	12.42	16	2900	75	2.6	4		
80 - 65 - 160	30 50 60	8.33 13.9 16.7	36 32 29	2900	61 73 72	5.82 5.97 6.59	7.5	2.5 2.5 3.0	134.3
80 - 65 - 160A	46.8	13	28	2900	72	4.96	7.5		
80 - 65 - 160B	43.3	12.04	24	2900	71	3.99	5.5		
80 - 50 - 200	30 50 60	8.33 13.9 16.7	53 50 47	2900	55 69 71	7.87 9.87 10.8	15	2.5 2.5 3.0	121.3
80 - 50 - 200A	46.8	13	44	2900	68	8.24	11		
80 - 50 - 200B	43.3	12.04	38	2900	68	6.59	11		

泵型号	流量 Q		扬程 H/m	转速 $n/$ (r/min)	泵效率 $\eta/$ %	功率 P/kW		允许汽蚀余量/m	泵质量/ kg
	m^3/h	L/s				轴功率	电机功率		
80 - 50 - 250	30	8.33	84	2900	52	13.2	22	2.5	162.1
	50	13.9	80		63	17.3		2.5	
	60	16.7	75		64	19.2		3.0	
80 - 50 - 250A	46.8	13	70	2900	62	14.38	18.5		
80 - 50 - 250B	43.3	12.04	60	2900	61	11.6	15		
80 - 50 - 315	30	8.33	128	2900	41	25.2	37	2.5	171.1
	50	13.9	125		54	31.5		2.5	
	60	16.7	123		57	35.3		3.0	
80 - 50 - 315A	47.7	13.25	114	2900	53	27.9	37		
80 - 50 - 315B	45.4	12.6	103	2900	52	24.5	30		
80 - 50 - 315C	42.9	11.9	92	2900	51	21.1	30		
100 - 80 - 125	60	16.7	24	2900	67	5.86	11	5.0	149.2
	100	27.8	20		78	7.00		4.5	
	120	33.3	16.5		74	7.28		5.0	
100 - 80 - 125A	89.4	24.83	16	2900	77	5.06	7.5		
100 - 80 - 160	60	16.7	36	2900	70	8.42	15	3.5	141.2
	100	27.8	32		78	11.2		4.0	
	120	33.3	28		75	12.2		5.0	
100 - 80 - 160A	93.5	26	28	2900	77.5	9.21	15		
100 - 80 - 160B	86.6	24.1	24	2900	77	7.36	11		
100 - 65 - 200	60	16.7	54	2900	65	13.6	22	3.0	130
	100	27.8	50		76	17.9		3.6	
	120	33.3	47		77	19.9		4.8	
100 - 65 - 200A	93.5	26	44	2900	75	14.95	18.5		
100 - 65 - 200B	86.6	24.1	38	2900	74	12.13	15		
100 - 65 - 250	60	16.7	87	2900	61	23.4	37	3.5	184.6
	100	27.8	80		72	30.3		3.8	
	120	33.3	74.5		73	33.3		4.8	
100 - 65 - 250A	93.5	26	70	2900	71	25.1	30		

| 泵型号 | 流量 Q | | 扬程 H/m | 转速 n/ (r/min) | 泵效率 η/ % | 功率 P/kW | | 允许汽蚀余量/m | 泵质量/kg |
	m³/h	L/s				轴功率	电机功率		
100 − 65 − 250B	86.6	24.1	60	2900	70	20.3	30		
100 − 65 − 315	60	16.7	133	2900	55	39.5	75	3.0	285.4
	100	27.8	125		66	51.6		3.6	
	120	33.3	118		67	57.5		4.2	
100 − 65 − 315A	95.5	26.5	114	2900	65	45.6	55		
100 − 65 − 315B	90.8	25.2	103	2900	64	39.8	55		
100 − 65 − 315C	85.8	23.8	92	2900	63	34.1	45		
125 − 100 − 200	120	33.3	57.5	2900	67	28.0	45	4.5	210.2
	200	55.5	50		81	33.6		4.5	
	240	66.7	44.5		80	36.4		5.0	
125 − 100 − 200A	187	52	44	2900	80	28.0	37		
125 − 100 − 200B	173	48.1	38	2900	79	22.7	30		

（六）HGB、HGBW 型滑片泵

HGB、HGBW 型滑片泵简介见表 1−21；HGB 型滑片泵性能参数见表 1−22，安装尺寸见表 1−23；HGBW 型滑片泵性能参数表见表 1−24，安装尺寸见表 1−25。

表 1−21　HGB、HGBW 型滑片泵简介

项　目	简　介	
（1）概况	HGB、HGBW 型滑片泵是引进国外先进技术经消化吸收而设计的新一代容积泵	
（2）适用性	可输送、充装、倒卸液化石油气、汽油、煤油、柴油、航空油、黏油或物理、化学性质类似的其他介质，介质温度为 −40~80℃	
（3）结构形式	①HGB 型	滑片泵为管道泵，采用立式结构，可直接装在管路上，可在室外工作
	②HGBW 型	滑片泵为卧式结构

表 1 - 22　HGB 型滑片管道泵性能参数

型　号	流量/ (m³/h)	工作 压差/ MPa	最高 工作 压力/ MPa	吸入极限 真空度/ MPa	自吸性 能/ (s/5m)	效率/ %	转速/ (r/min)	电机 功率/ kW	质量/ kg
HGB 10 - 6	10	0.6	2.5	0.06 ~ 0.09	<60	68	1440	4	110
HGB 12 - 6	12.5	0.6	2.5	0.06 ~ 0.09	<60	68	1440	4	110
HGB 15 - 6	15	0.6	2.5	0.06 ~ 0.09	<60	70	1440	5.5	130
HGB 20 - 6	20	0.6	2.5	0.06 ~ 0.09	<60	70	960	5.5	272
HGB 25 - 6	25	0.6	2.5	0.06 ~ 0.09	<60	72	970	7.5	312
HGB 30 - 6	30	0.6	2.5	0.06 ~ 0.09	<60	72	970	11	328
HGB 40 - 6	40	0.6	2.5	0.06 ~ 0.09	<60	74	730	11	460
HGB 50 - 6	50	0.6	2.5	0.06 ~ 0.09	<60	75	730	15	530
HGB 60 - 6	60	0.6	2.5	0.06 ~ 0.09	<60	76	730	18.5	580
HGB 80 - 6	80	0.6	4	0.06 ~ 0.09	<60	76	460	22	720
HGB 100 - 6	100	0.6	4	0.06 ~ 0.09	<60	78	460	30	810

表 1 - 23　HGB 型滑片管道泵安装尺寸　　　　　　mm

HGB 型滑片管道泵安装尺寸图

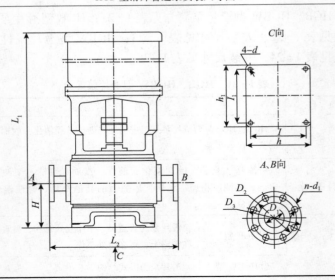

型　号	电机座号	L_1	L_2	H	h	h_1	I	I_1	D_1 (ϕ)	D_2 (ϕ)	D_3 (ϕ)	$4-d$ (ϕ)
HGB10－6	YB132M_1－6	900	400	180	250	250	215	215	50	125	160	16
HGB12－6	YB132M_1－6	900	400	180	250	250	215	215	50	125	160	16
HGB15－6	YB132M_{12}－6	965	400	180	250	250	215	215	50	125	160	16
HGB20－6	YB132M_2－6	1055	578	200	320	320	280	280	65	145	185	16
HGB25－6	YB160M－6	1160	578	200	320	320	280	280	65	145	185	16
HGB30－6	YB160L－6	1200	578	200	320	320	280	280	65	145	185	16
HGB40－6	YB180L－8	1333	718	248	400	400	350	350	80	160	200	20
HGB50－6	YB200L－8	1388	718	248	400	400	350	350	80	160	200	20
HGB60－6	YB225S－8	1428	718	248	400	400	350	350	80	160	200	20
HGB80－6	YB180L－4	1345	810	278	520	520	460	460	100	190	230	25
HGB100－6	YB200L－4	1400	810	278	520	520	460	460	100	190	230	25

表1－24　HGBW型滑片泵性能参数

型　号	流量/ (m³/h)	工作压差/ MPa	最高工作压力/ MPa	吸入极限真空度/ MPa	自吸性能/ (s/5m)	效率/ %	转速/ (r/min)	电机功率/ kW	质量/ kg
HGBW10－6	10	0.6	2.5	0.06~0.09	<60	68	960	4	160
HGBW12－6	12.5	0.6	2.5	0.06~0.09	<60	68	960	4	160
HGBW15－6	15	0.6	2.5	0.06~0.09	<60	70	960	5.5	182
HGBW20－6	20	0.6	2.5	0.06~0.09	<60	70	960	5.5	260
HGBW25－6	25	0.6	2.5	0.06~0.09	<60	72	970	7.5	300
HGBW30－6	30	0.6	2.5	0.06~0.09	<60	72	970	11	316
HGBW40－6	40	0.6	2.5	0.06~0.09	<60	74	730	11	440
HGBW50－6	50	0.6	2.5	0.06~0.09	<60	75	730	15	510
HGBW60－6	60	0.6	2.5	0.06~0.09	<60	76	730	18.5	560
HGBW80－6	80	0.6	4	0.06~0.09	<60	76	460	22	740
HGBW100－6	100	0.6	4	0.06~0.09	<60	78	460	30	830
HGBW150－10	150	1.0	4	0.06~0.09	<60	82	300	55	1540
HGBW200－10	200	1.0	4	0.06~0.09	<60	85	300	75	1760

表 1−25 HGBW 型滑片泵安装尺寸   mm

HGBW 型滑片泵安装尺寸图

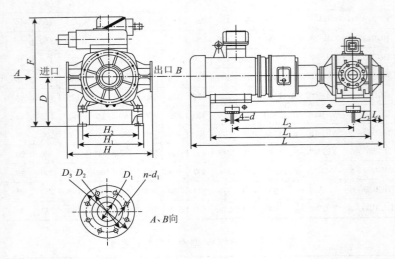

型 号	电机座号	L	L_1	L_2	L_3	L_4	D	F	H	H_1	H_2	D_1 (ϕ)	D_2 (ϕ)	D_3 (ϕ)	$4-d$ (ϕ)
HGBW10−6	YB132M_1−6	888	630	410	65	88	200	538	320	340	300	50	125	160	14
HGBW12−6	YB132M_1−6	888	630	410	65	88	200	538	320	340	300	50	125	160	14
HGBW15−6	YB132M_2−6	888	630	410	65	88	200	538	320	340	300	50	125	160	14
HGBW20−6	YB132M_2−6	955	695	560	85	90	230	568	400	400	360	65	145	180	18
HGBW25−6	YB160M−6	1060	775	560	85	90	230	568	400	400	360	65	145	180	18
HGBW30−6	YB160L−6	1100	820	560	85	90	230	600	400	400	360	65	145	180	18
HGBW40−6	YB180L−8	1225	926	720	108	102	280	665	450	418	380	80	160	200	20
HGBW50−6	YB200L−8	1278	960	720	108	102	300	725	450	418	380	80	160	200	20
HGBW60−6	YB225S−8	1320	992	720	108	102	325	770	450	418	380	80	160	200	20
HGBW80−6	YB180L−4	1400	1127	860	140	70	350	735	560	520	480	100	190	230	20
HGBW100−6	YB200L−4	1450	1280	860	140	70	350	775	560	520	480	100	190	230	20
HGBW150−10	YB280M−6	2010	1608	1200	165	132	420	970	586	545	500	150	250	300	24
HGBW200−10	YB315S−6	2080	1670	1270	165	132	455	1140	586	545	500	150	250	300	24

（七）LZB 型螺旋转子泵

（1）LZB 型螺旋转子泵适用范围及性能特点见表 1－26。

表 1－26　LZB 型螺旋转子泵适用范围及性能特点

适用范围		LZB 型系列螺旋转子泵根据制作材料的不同，适用于输送流体的各种领域。不仅适用于输送加注 －40～80℃ 汽油、煤油、柴油、喷气燃料等轻质油品，而且适用于原油、润滑油(剂)高黏性介质和其他各种化工介质等输送和加注。特别是在我国铁路油罐车、水运油船(油轮)等油品接卸中，一泵可集卸油、抽吸底油和扫仓等功能于一体，大大简化了工艺流程，减少了设备投资，是较理想的铁路油罐车、水运油船(油轮)等油品接卸、输转用泵
性能特点	高效节能	特殊的螺旋转子和结构设计使泵效率在全工作范围内高达 0.75～0.85
	真空度及自吸能力	超高的吸上真空度和超强的自吸能力。最高真空度达 0.095MPa；5m 垂直高度自吸时间不大于 10s
	两相流输送特性	液体、气体单相或气－液两相均可输送
	介质黏度输送范围	超宽的介质黏度输送范围。从低黏度到超高黏度介质均可方便输送，特别是在输送高黏度和固体含量高的场所更可发挥其特长
	干转特性	良好的耐干转特性。特殊的密封结构设计，保证了泵对空运转的不敏感性，即使其空运转 30min 也不致造成损害
	输量范围	泵的输量随转速正比例线性可调，每种规格泵的输量范围很宽
	密封性能	密封可靠。滑动环多重机械密封结构，自动补偿磨损，寿命长，保证不泄漏
	结构特点	变速箱、传动箱与泵壳均采用整体积木式，结构紧凑。完全对称布置，泵进、出口任意变换，可简单实现正反向输送
	防污染及使用寿命	中间隔离腔使输送腔和传动腔分离，被输介质不接触传动轴，防污染，寿命长
	运行费用	运行费用低。转子尖部按介质适应性制造，耐磨损，易更换，保证了整机的长寿命；泵壳体特殊硬化工艺或加特殊材料耐磨衬，可单独快速更换，大大降低了运转成本
	维护保养	维护简便。无须将泵从系统拆卸，可快速拆装的泵端盖，使维修极为方便，延长了泵的使用寿命

（2）LZB 型系列螺旋转子泵，其性能见表 1-27，安装尺寸见表 1-28。

表 1-27　LZB 螺旋转子泵性能

型号	流量/ (m³/h)	轴功率/kW 进出口压力差/MPa										
		0.2	0.3	0.4	0.5	0.6	0.7	0.8	0.9	1.0	1.1	1.2
LZB25	1	0.11	0.16	0.21	0.25	0.30	0.36	0.42	0.48	0.54	0.60	0.67
	1.5	0.16	0.24	0.31	0.37	0.45	0.54	0.63	0.72	0.82	0.90	1.00
	2.5	0.27	0.40	0.51	0.62	0.74	0.90	1.05	1.20	1.36	1.50	1.67
	3.5	0.38	0.56	0.72	0.87	1.04	1.26	1.47	1.68	1.91	2.10	2.33
	5	0.54	0.80	1.03	1.24	1.49	1.80	2.09	2.40	2.72	3.00	3.33
	5.5	0.60	0.88	1.13	1.36	1.63	1.98	2.30	2.64	3.00	3.30	3.67
LZB40	6	0.65	0.96	1.23	1.51	1.78	2.16	2.51	2.94	3.27	3.59	3.92
	8	0.87	1.28	1.64	2.02	2.38	2.88	3.35	3.92	4.36	4.79	5.23
	10	1.09	1.60	2.06	2.52	2.97	3.60	4.19	4.90	5.45	5.99	6.54
	12	1.31	1.92	2.47	3.03	3.57	4.32	5.03	5.88	6.54	7.19	7.84
	14	1.53	2.24	2.88	3.53	4.16	5.04	5.87	6.86	7.63	8.39	9.15
	16	1.74	2.56	3.29	4.03	4.75	5.75	6.70	7.84	8.71	9.59	10.46
LZB50	15	1.49	2.04	2.51	3.14	3.77	4.61	5.45	6.23	6.92	7.88	6.68
	18	1.78	2.45	3.02	3.77	4.52	5.53	6.54	7.48	8.31	9.46	8.02
	21	2.08	2.86	3.52	4.40	5.28	6.46	7.63	8.72	9.69	11.04	9.36
	24	2.38	3.27	4.02	5.03	6.03	7.38	8.71	9.97	11.08	12.61	10.70
	27	2.67	3.68	4.52	5.66	6.79	8.30	9.80	11.22	12.46	14.19	12.03
LZB65	24	2.18	3.16	3.84	4.67	5.37	6.54	7.36	8.53	9.61	10.73	12.07
	27	2.45	3.56	4.33	5.25	6.04	7.35	8.29	9.59	10.81	12.07	13.57
	30	2.72	3.95	4.81	5.84	6.72	8.17	9.21	10.66	12.01	13.41	15.08
	36	3.27	4.74	5.77	7.00	8.06	9.80	11.05	12.79	14.42	16.10	18.10
	42	3.81	5.53	6.73	8.17	9.40	11.44	12.89	14.92	16.82	18.78	21.12
	48	4.36	6.33	7.69	9.34	10.74	13.07	14.73	17.05	19.22	21.62	24.13
LZB80	48	4.02	5.60	6.70	8.17	9.68	11.58	13.76	15.90	18.67	20.84	23.41
	54	4.52	6.30	7.54	9.19	10.89	13.03	15.48	17.89	21.01	23.44	26.34

型　号	轴功率/kW 流量/(m³/h)	进出口压力差/MPa										
		0.2	0.3	0.4	0.5	0.6	0.7	0.8	0.9	1.0	1.1	1.2
LZB80	60	5.03	7.00	8.38	10.21	12.10	14.48	17.20	19.87	23.34	26.05	29.27
	70	5.87	8.17	9.78	11.91	14.12	16.89	20.07	23.18	27.23	30.39	34.14
	80	6.70	9.34	11.17	13.62	16.14	19.30	22.93	26.50	31.12	34.73	39.02
LZB 100	81	5.88	8.71	11.03	13.29	15.96	19.07	22.34	25.78	28.65	32.35	36.26
	90	6.54	9.67	12.25	14.76	17.72	21.18	24.82	28.65	31.83	35.95	40.29
	100	7.26	10.75	13.62	16.41	19.69	23.53	27.58	31.83	35.37	39.94	44.77
	110	7.99	11.82	14.98	18.05	21.66	25.89	30.34	35.01	38.90	43.94	49.24
LZB 125	109	7.92	11.42	14.84	17.88	20.71	25.03	29.68	34.25	39.06	43.54	48.14
	124	9.01	12.99	16.88	20.34	23.56	28.48	33.77	38.96	44.43	49.53	54.76
	140	10.17	14.66	19.06	22.97	26.60	32.15	38.13	43.99	50.17	55.92	61.83
	155	11.26	16.24	21.11	25.43	29.45	35.60	42.21	48.71	55.54	61.91	68.45
LZB 150	150	10.89	13.93	20.42	24.61	28.50	34.45	40.85	47.13	52.37	57.61	62.85
	163	11.84	15.13	22.19	26.74	30.97	37.44	44.39	51.22	56.91	62.60	68.29
	186	13.51	17.27	25.33	30.51	35.34	42.72	50.65	58.45	64.94	71.43	77.93
	200	14.52	18.57	27.23	32.81	38.00	45.94	54.47	62.85	69.83	76.81	83.79
LZB 200	200	14.52	20.95	27.23	32.81	38.00	45.94	53.14	61.27	69.83	78.83	87.15
	218	15.83	22.83	29.68	35.76	41.42	50.07	57.92	66.79	76.11	85.93	94.99
	249	18.08	26.08	33.91	40.85	47.31	57.19	66.16	76.29	86.94	98.15	108.50
	280	20.33	29.33	38.13	45.94	53.20	64.31	74.39	85.78	97.76	110.37	122.00
	310	22.51	32.47	42.21	50.86	58.90	71.20	82.36	94.98	108.23	122.19	135.08
LZB 250	310	24.12	33.77	42.21	50.86	58.90	69.52	81.37	94.98	108.23	122.19	135.08
	330	25.68	35.95	44.93	54.14	62.70	74.01	86.62	101.10	115.22	130.07	143.79
	360	28.01	39.22	49.02	59.06	68.40	80.74	94.50	110.29	125.69	141.90	156.86
	395	30.73	43.03	53.79	64.80	75.05	88.59	103.68	121.02	137.91	155.69	172.11
LZB 300	400	31.12	43.57	54.47	64.08	76.00	91.87	108.93	122.55	139.66	153.62	145.24
	435	33.85	47.39	59.23	69.68	82.65	99.91	118.46	133.27	151.88	167.06	157.95
	470	36.57	51.20	64.00	75.29	89.30	107.95	128.00	144.00	164.10	180.51	170.66
	500	38.90	54.47	68.08	80.10	95.00	114.84	136.17	153.19	174.57	192.03	181.55
	550	42.79	59.91	74.89	88.11	104.50	126.32	149.78	168.50	192.03	211.23	199.71

型　号	轴功率/ kW 流量/ （m³/h）	进出口压力差/MPa										
		0.2	0.3	0.4	0.5	0.6	0.7	0.8	0.9	1.0	1.1	1.2
LZB 350	554	43.11	60.35	71.00	87.72	104.05	127.24	150.87	174.08	201.16	221.28	241.39
	647	50.34	70.48	82.92	102.44	121.52	148.60	176.20	203.31	234.93	258.42	281.92
	740	57.58	80.61	94.84	117.17	138.98	169.96	201.53	232.53	268.70	295.57	322.44
	800	62.25	87.15	102.52	126.67	150.25	183.74	217.86	251.38	290.49	319.54	348.58

表 1-28　LZB 螺旋转子泵安装尺寸

LZB 型螺旋转子泵安装尺寸图

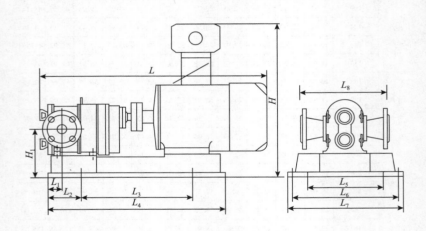

型　号	功率/ kW	尺寸/mm										
		L	L_1	L_2	L_3	L_4	L_5	L_6	L_7	L_8	H	H_1
LZB25	1.1	673	45	95	400	604	175	182	255	250	442	142
	1.5	688	45	95	400	604	175	182	255		442	142
	2.2~3	732	45	95	400	604	175	182	255		457	142
LZB40	2.2~3	889	59	134	475	725	175	182	255	395	496	178
	4	916	59	134	475	729	175	182	255		503	178
	5.5	968	59	134	475	775	175	182	255		553	178

型 号	功率/kW	尺寸/mm										
		L	L_1	L_2	L_3	L_4	L_5	L_6	L_7	L_8	H	H_1
LZB50	4	960	77	177	475	770	175	182	255	400	553	198
	5.5	1010	77	177	475	815	175	182	255		553	198
	7.5	1050	77	177	475	876	175	182	255		503	198
LZB65	5.5	1113	75	155	638	904	240	340	400	540	628	245
	7.5	1147	75	155	650	950	240	340	400		628	245
	11	1272	90	200	712	1123	240	340	400		670	255
LZB80	11	1272	90	200	712	1123	240	340	400	540	670	255
	15	1320	90	200	712	1123	240	340	400		670	255
	18.5	1350	90	200	712	1123	240	340	400		705	255
LZB100	15	1420	135	235	750	1257	240	340	400	540	690	275
	18.5	1420	135	235	750	1257	240	340	400		705	275
	22	1477	135	235	750	1257	240	340	400		705	275
	30	1530	135	235	800	1287	240	340	400		747	275
LZB125	30	1572	110	261	800	1340	290	405	455	720	842	340
	45	1650	109	259	880	1400	290	405	455		867	356
LZB150	37	1687	143	310	880	1470	290	405	455	740	870	350
	45	1712	143	310	880	1470	290	405	455		870	350
	55	1777	143	310	880	1529	290	405	455		975	380
	90	1926	153	333	1000	1661	290	405	455		1048	422
LZB200	55	1819	160	349	880	1568	290	405	455	740	975	380
	75	1894	160	349	880	1645	290	405	455		1006	380
	90	1945	160	349	880	1645	290	405	455		1006	380
LZB250	75	1965	193	412	880	1706	420	470	555	740	1006	380
	90	2007	193	412	880	1759	420	470	555		1006	380
LZB300	75	2270	177	377	1300	1995	420	470	555	920	1156	515
	90	2321	177	377	1300	2046	420	470	555		1156	515
LZB350	90	2404	223	423	1337	2129	420	470	555	960	1156	515
	110	2614	223	423	1337	2248	420	470	555		1290	515

（八）3G 型三螺杆泵

3G 型三螺杆泵简介见表 1-29，性能范围见表 1-30，性能参数见表 1-31。

表 1-29　3G 型三螺杆泵简介

项　目	简　介	
（1）概况	三螺杆泵是转子式卧式单吸容积泵。3G 为通用型，3GC 为船用型	
（2）适用性	该泵可输送各种不含固体颗粒、无腐蚀性油类及类似油的润滑性液体，所输液体黏度为 $1.2 \sim 50°E$（$2.8 \sim 380mm^2/s$），高黏度液体亦可经过加热降黏后输送，其温度不超过 150℃	
（3）性能范围	流量范围	$0.2 \sim 590m^3/h$
	最高工作压力	可达 10MPa
（4）其他	安装尺寸见厂家样本	

表 1-30　3G、3GC 型三螺杆泵各系列性能范围

系列代号	油类	黏度/°E	温度/℃	流量/（m^3/h）	最高工作压力/MPa
3G、3GC	润滑油	$3 \sim 20$	≥80	$0.3 \sim 94$	6
3GR、3GCR	重质燃油	$3 \sim 50$	≥120	$0.3 \sim 94$	6
3Gr	轻质燃油	$1.2 \sim 5$	≥120	$0.3 \sim 90$	1
3GCr	轻质燃油	$1.2 \sim 5$	≥80	$0.3 \sim 90$	1

表 1-31　3G 型三螺杆泵性能参数

泵型号	流量/（m^3/h）	压力/MPa	转速/（r/min）	功率		允许吸上真空高度/m	吸入口直径 D_1/mm	排出口直径 D_2/mm	泵质量/kg	电动机型号
				轴功率/kW	电动机功率/kW					
3G 3GC 100×2	70	0.6	1450	20	22	4	150	100		Y180L-4(B3) YH180L-4(B3)
3GR 3GCR	68	1		27.7	30					Y200L-4(B3) YH200L-4(B3)

泵型号	流量/(m³/h)	压力/MPa	转速/(r/min)	功率 轴功率/kW	功率 电动机功率/kW	允许吸上真空高度/m	吸入口直径D_1/mm	排出口直径D_2/mm	泵质量/kg	电动机型号
3G 3GC 100×2 3GR 3GCR	45	0.6	970	13.8	15	4.5	150	100		Y180L-6(B3) YH180L-6(B3)
	43	1		18.2	22					Y200L2-6(B3) YH200L2-6(B3)
3Gr 100×2 3GCr	68	0.4	1450	12.7	15	4				Y160L-4(B3) YH160L-4(B3)
	42	0.4	970	7.5	11					Y160L-6(B3) YH160L-6(B3)
3G 3GC 100×4 3GR 3GCR	70	1.6	1450	40	55	4	150	100		Y250M-4(B3) YH250M-4(B3)
	68	2.5		60	75					Y280S-4(B3) YH280S-4(B3)
	45	1.6	970	29.5	37	4.5				Y250M-4(B3) YH250M-4(B3)
	43	2.5		39	45					Y280S-6(B3) YH280S-6(B3)
3Gr 100×4 3GCr	68	1	1450	28	30	4	150	100		Y200L-6(B3) YH200L-6(B3)
	42	1	970	20	22					Y200L2-6(B3) YH200L2-6(B3)
3G 3GC 110×2 3GR 3GCR	94	0.6	1450	23	30	4	200	150	125	Y200L-4(B3) YH200L-4(B3)
	90	1		34	45					Y225M-4(B3) YH225M-4(B3)
	60	0.6	970	17.3	18.5	4.5				Y200L1-6(B3) YH200L1-6(B3)
	56	1		27.7	30					Y225M-6(B3) YH225M-6(B3)

泵型号	流量/ (m³/h)	压力/ MPa	转速/ (r/min)	功率		允许吸上真空高度/ m	吸入口直径 D_1/ mm	排出口直径 D_2/ mm	泵质量/ kg	电动机型号
				轴功率/ kW	电动机功率/ kW					
3Gr 110×2 3GCr	90	0.4	1450	16.8	18.5	4	200	150	125	Y180M-4(B3) YH180M-4(B3)
	56	0.4	970	13.9	15					Y180L-6(B3) YH180L-6(B3)
3G 3GC 110×4 3GR 3GCR	94	1.6	1450	53	75	4	200	150	325	Y280S-4(B3) YH280S-4(B3)
	90	2.5		80	90					Y280M-4(B3) YH280M-4(B3)
	60	1.6	970	36	45	4.5				Y280S-6(B3) YH280S-6(B3)
	56	2.5		48	55					Y280M-6(B3) YH280M-6(B3)
3Gr 110×4 3GCr	90	1	1450	34	45	4				Y225M-4(B3) YH225M-4(B3)
	56	1	970	23	30					Y225M-6(B3) YH225M-6(B3)
3GS 100×2	146	0.6	1450	35	45	4	250	150	—	Y225M-4(B3)
	140	1		50	55					Y250M-4(B3)
	132	1.6		80	90					Y280M-4(B3)
	90	0.6	970	26	30					Y225M-6(B3)
	86	1		32.5	37					Y250M-6(B3)
	80	1.6		43	55					Y280M-6(B3)
3GS 110×2	196	0.6	1450	46	55	4	250	200	—	Y250M-4(B3)
	190	1		66	75					Y280S-4(B3)
	182	1.6		98	110					—
	124	0.6	970	32	37					Y250M-6(B3)
	118	1		48	55					Y280M-6(B3)
	110	1.6		65	75					—

（九）2CY 型齿轮泵

2CY 型泵是卧式外啮合齿轮油泵，泵的出入口为水平方向互成 180°，供输送温度低于 60℃、黏度为 10～200°E，不含固体颗粒和纤维物、无腐蚀性的黏油、柴油及其他油类，不适于输送汽油。2CY 型齿轮泵性能参数见表 1 - 32，安装尺寸见表1 - 33。

表 1 - 32　2CY 型齿轮泵性能参数

泵型号	吸入及排出管口径	流量/（m³/h）	排出压力/MPa	吸入真空高度/m	转速/（r/min）	电动机	
						型号	功率/kW
2CY - 1.1/14.5 - 1	3/4″	1.1	1.45	5	1430	JO3 - 100S4	2.2
2CY - 2/14.5 - 1	3/4″	2	1.45	5	1440	JO3 - 100L4	3
2CY - 3.3/3.3 - 1	1″	3.3	0.33	3	1430	JO3 - 100S4	2.2
2CY - 5/3.3 - 1	$1\frac{1}{2}$″	5	0.33	3	1440	JO3 - 100L4	3
2CY - 18/3.6 - 1	φ70mm	18	0.36	6.5	1000	JO3 - 140S6	5.5
2CY - 29/3.6 - 1	φ70mm	29	0.36	5	1500	JO3 - 140M6	11
2CY - 38/2.8 - 1	φ70mm	38	0.28	7	1000	JO3 - 160S6	11

表 1 - 33　2CY 型齿轮泵安装尺寸　　　　　　mm

2CY 型齿轮泵安装尺寸图

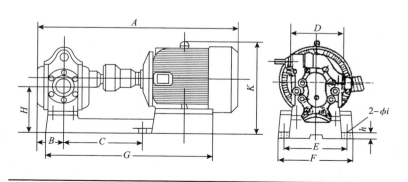

泵型号	泵安装尺寸									
	A	B	C	D	E	F	G	H	K	$2-\phi i$
2CY-18/3.6-1	833	116	250	234	280	320	646	180	417	2-19
2CY-29/3.6-1	893						684			
2CY-38/2.8-1	1049	145	440	280	286	334	843	238	475	2-19

（十）SZ、SK、SZB 型水环真空泵及压缩机

SZ、SK、SZB 型水环真空泵及压缩机简介见表1-34，SZ 型性能见表1-35，SK 型性能参数见表1-36，SZB 型性能参数见表1-37。

表1-34　SZ、SK、SZB 型水环真空泵及压缩机简介

项　目		简　介
（1）SZ型真空泵及压缩机	①概况	SZ 型真空泵及压缩机系单级单作用轴向吸排气的液环真空泵及压缩机
	②用途	用来抽吸或输送空气及其他不溶于工作液的气体
	③结构	（a）SZ 型真空泵与压缩机就其本身结构是完全一样的，其区别仅在于用途的不同
		（b）用于真空泵时，是使与泵的进口相连接的装置或系统造成一定的真空，被真空泵所抽吸的空气或其他气体，通常就排至大气中，因此真空泵的排出端为大气常压
		（c）用于压缩机时，是提供具有一定压力的压缩气体，因此其出口与有压系统相连接，进口则与气源相连接
	④规格	（a）SZ 型共有四个规格
		（b）当真空泵用时，其最大真空度一般为84%～93%
（2）SK型真空泵及压缩机	①厂家	SK 真空泵及压缩机是新乡水泵厂的新产品
	②结构	采用双作用径向进、排气的结构形式
	③特点	气量大、耗能小、体积小、质量轻
	④用途	SK 型泵一般用于抽吸或压送不含固体颗粒、不溶于水、无腐蚀性气体，吸入温度在 -10～60℃时为宜
（3）SZB 型真空泵	①形式	SZB 型真空泵是悬臂式水环真空泵
	②真空度	最大真空度达80%
	③用途	用途同 SZ、SK 两种泵型
（4）其他		安装尺寸参照产品样本

表1-35 SZ型液环式真空泵及压缩机性能参数

型号	真空泵抽气量/(m³/min) [在下列真空度(%)下]					压缩机排气量/(m³/min) [在下列压力(kgf/cm²)下]					电机功率/kW		转数/(r/min)	水的耗量/(L/min)	吸入口直径/mm	排气口直径/mm	最大真空度/%	最大压力/MPa	泵质量/kg
	0	40	60	80	90	0	0.5	0.8	1	1.5	真空泵	压缩机							
SZ-1	1.5	0.64	0.4	0.12	—	1.5	1.0	—	—	—	4.0	5.5	1450	10	70	70	84	0.1	140
SZ-2	3.4	1.65	0.95	0.25	—	3.4	2.6	2.0	1.5	—	11	15	1450	30	70	70	87	0.14	463
SZ-3	11.5	6.8	3.6	1.5	0.5	11.5	9.2	8.5	7.5	3.5	30	37	975	70	125	125	92	0.21	463
SZ-4	27	17.6	11.0	3.0	1.0	27.0	26.0	20.0	16.0	9.5	75	90	730	100	170	150	93	0.21	975

注：(1) 表内所列抽气量(排气量)是指供水温度15℃、大气压力 $P=760\text{mmHg}$ 的状态下所测得数值。

(2) $1\text{mmHg}=0.133\text{kPa}$；$1\text{kgf}=9.806\text{N}$。

表1-36 SK型水环式真空泵性能参数

型号	口径/mm	转速/(r/min)	极限真空/mmHg	最大气量/(m³/min)	配套功率/kW	水耗量/(L/min)	泵质量/kg
SK-20	150	960	-690	20	40	80	510
SK-15	150	735	-680	15	30	80	510
SK-7	80	1450	-710	7	15(17)	35	300
SK-4.5	70	1450	-710	4.5	(11)13	30	260

注：(1) 括号内为采用 Y 系列电机时的配套功率。

(2) $1\text{mmHg}=0.133\text{kPa}$。

表 1-37　SZB 型水环真空泵性能参数

型　号	排气量		压力/	最大真空度/	转数/	电机功率/	口径/mm		泵质量/
	m³/h	L/s	mmHg	%	(r/min)	kW	吸入	排出	kg
SZB-4	19.8	5.5	440	80	1410	1.5	25(1″)	25(1″)	42
	14.4	4	520						
	7.2	2	600						
	0	0	650						
SZB-8	38.2	10.6	440	80	1430	2.2	25(1″)	25(1″)	45
	28.8	8	520						
	14.4	4	600						
	0	0	650						

第二章　离心泵

第一节　离心泵的工作原理

一、离心力

离心泵是靠离心力工作的。什么是离心力？在日常生活中离心力的例子很多，当乘坐的汽车快速转弯时，好像有一种力向外拉；用绳子拴一块石头，用手拿着绳子的另一端使石头作圆周运动，就会感到有一种向外的拉力等，这就是离心力。离心力就是物体旋转时，产生的一种使物体离开旋转中心的力。物体的质量越大，旋转的半径越长，转速越快，离心力也越大。如果用 m 表示物体的质量，R 表示物体旋转半径，ω 表示旋转角速度，F 表示离心力，则 $F = m\omega^2 R$。

二、离心泵的工作原理

现以单级离心泵为例说明泵的工作原理。图 2-1 是简化了的离心泵工艺系统，它由离心泵、吸入和排出管、底阀、扩散管等组成。离心泵主要由叶轮、叶片、泵壳、泵轴、填料筒等组成。

离心泵工作前应先灌泵，使泵壳 3 和吸入管 8 内充满液体，当与泵轴 4 连接的电动机转动时，固定在泵轴 4 上的叶轮 1、叶片 2 作旋转运动，泵壳 3 内的液体也随着旋转并获得能量，从泵壳 3 甩出，经（泵壳 3 内）流道、扩散管 8 和排出阀门 9 进入管道系统。与此同时，叶轮内产生真空，液体在大气压的作用下，经过吸入阀 6、吸入管道 8 进入叶轮 2 中。因叶轮连续均匀地旋转，所以液体也连续均匀地被甩出和吸入。

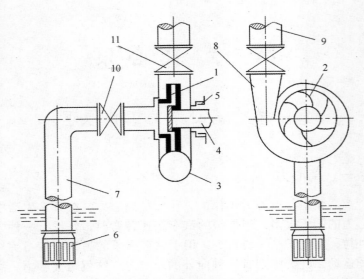

图 2-1 离心泵工作原理示意图

1—叶轮；2—叶片；3—泵壳；4—泵轴；5—填料筒；6—底阀；
7—吸入管；8—扩散管；9—排出管；10—吸入阀；11—排出阀

第二节 离心泵的结构

一、离心式泵的结构特点

离心式油泵供输送石油产品之用。离心式油泵按其输油温度的不同可分冷油泵（温度低于 200℃）和热油泵（温度高于200℃）两类。

离心式油泵用途广泛，常用的性能范围是，流量一般为 6.25～500m³/h，扬程为 60～603mH₂O。

离心式油泵的结构型式较多，有单级单吸、单级双吸的悬臂式结构，也有两级单吸、两级双吸的两端支承式结构，还有多级分段式等结构。它们的内部结构与相应的离心水泵大体相同，但具有以下一些特点。

（1）为了减少温度对泵轴的影响，泵体的支承大多在中心。对一些输送温度较高的油泵，为了防止泵在运转中由于热膨胀而产生偏心移动或卡住，在泵的底部一般都设有定位的滑导。

（2）根据输送液体温度和腐蚀程度的不同，泵盖、泵体和叶轮等主要零件采用三类材料。

第Ⅰ类：铸铁，不耐腐蚀，使用温度为 - 20 ～ + 200℃。

第Ⅱ类：铸钢，不耐腐蚀，使用温度为 - 45 ～ + 400℃；

第Ⅲ类：合金钢，耐中等硫腐蚀，使用温度为 - 45 ～ + 400℃。

（3）轴封装置采用填料密封和机械密封，填料室较长，有的填料压盖上装有水封，大多采用油封装置。油封装置通入油起油封、润滑和冷却作用。为了避免金属撞击产生火花，轴封装置的压盖内圆上通常都装有铜环。

（4）填料箱、轴承、支座一般都设有冷却结构进行冷却。

（5）油类易燃，为防止引起火灾，原动机采用防爆电机。

离心泵的种类型号比较复杂，现以油库常用离心泵的结构予以介绍。

二、BA 型离心泵的结构

BA 型离心泵主要由泵体、泵盖、叶轮、泵轴、托架等组成。泵的排出口与泵的轴线成垂直方向，可根据安装使用条件与泵体共同旋转 90°、180°、270°。电动机通过弹性联轴器直接传动。从传动方向看时，泵轴为逆时针方向旋转。

（1）BA 乙型离心泵的结构。图 2-2 为 BA 乙型离心泵的结构图。

泵壳。泵壳一般用铸铁制造，由泵盖和泵体组成。泵盖上有吸入口，泵体上有排出口。泵壳形状像蜗牛壳，所以又叫蜗壳或蜗形体。蜗形体泵壳的优点是减少了液体转向流动时的相互撞击和旋涡,水力损失小。

叶轮。BA 型离心泵采用闭式叶轮。叶轮的前后盖板上均有密封圈,与安装在泵壳上的密封环相互配合,将泵的吸入部分与排出部分隔开,减少了液体的漏失。在叶轮中心附近有几个小孔,称为平衡孔,用以平衡轴向推力。

泵轴及轴承。泵轴支撑在两个单列向心球轴承上,轴承用润滑油润滑。

(2)BA 甲型离心泵的结构特点。BA 甲型离心泵结构见图 2-3。

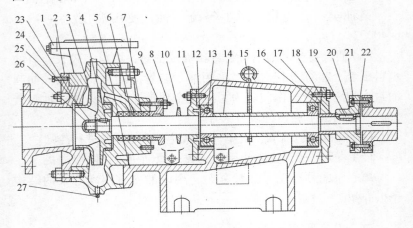

图 2-2　BA 乙型离心泵结构的结构

1—泵体;2—泵盖;3—叶轮;4—轴;5—托架;6—填料环;

7—填料;8—填料压盖;9,18—双头螺栓;10—挡水圈;11—轴承端盖;

12—挡油圈甲;13—单列向心球轴承;14—定位套;15—油标;

16—挡油圈乙;17—挡套;19—键;20—联轴器;21—小圆螺母

止退垫圈;22—小圆螺母;23—密封环;24—叶轮螺母;

25—螺钉;26—外舌止退垫;27—四方螺塞

BA 甲型离心泵的结构与 BA 乙型离心泵结构相比较,具有不同的特点,见表 2-1。

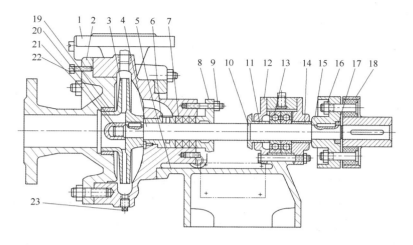

图 2-3　BA 甲型离心泵的结构

1—泵体；2—泵盖；3—叶轮；4—轴；5—托架；6—填料套；7—填料；8—填料压盖；
9—双头螺栓；10—钢丝挡圈；11—轴承挡圈；12—轴承端盖；13—单列向心球轴承；
14—挡套；15—键；16—小圆螺母止退垫圈；17—小圆螺母；18—联轴器；
19—密封环；20—叶轮螺母；21—外舌止退垫圈；22—螺钉；23—四方螺塞

表 2-1　BA 甲、乙型离心泵特点比较

名　称	BA 甲型离心泵	BA 乙型离心泵
叶　轮	后盖板无密封圈，无平衡孔	前后盖板均有密封圈，有平衡孔
填料筒	填料筒内为正压，主要防漏油；液封装置起冷却和润滑作用	填料筒内为负压，主要防漏气，也防漏油；液封存装置起阻气、冷却和润滑作用
泵轴支撑	靠叶轮端用滑动轴承支撑，另一端用两只并列的球轴承支撑	由两只单列向心球轴承支撑
轴承润滑方式	滑动轴承用所输液体润滑，球轴承用润滑脂润滑	用润滑油润滑
轴向推力的平衡	轴向推力由球轴承承受	叶轮开平衡孔，基本上消除了轴向推力

BA 甲型泵型号较多，泵的扬程较低，叶轮较小，轴向推力也较小，叶轮都不开平衡孔。其轴向推力由球轴承承受。

近年来生产的 BA 型泵，进行了创新，制定了 B 型新系列离心泵，用以代替 BA 型离心泵。B 型离心泵用轻小的轴承代替 BA 型泵的托架，减轻了重量；B 型离心泵的泵体结构采用后开门式，便于检修；联轴器采用鸡爪式，方便安装；B 型泵轴承用滑脂润滑。

三、Sh 型单级双吸离心泵的结构

Sh 型离心泵结构如图 2-4 所示。Sh 型离心泵的吸入口与排出口均在泵轴心线下方，成水平方向，与轴线成垂直位置。泵盖用双头螺栓及圆锥定位螺钉固定在泵体上，便于拆开检查泵内全部零件，无需拆卸吸入、排出管路、电动机（或其他原动机）。从传动方向看时，泵轴为逆时针方向旋转。

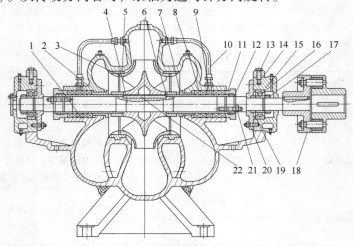

图 2-4　Sh 甲型离心泵的结构
1—泵座；2—泵盖；3—叶轮；4—轴；5—密封环；6—轴套；7—填料套；
8—填料；9—液封环；10—液封管；11—填料压盖；12—轴套螺母；13—固定螺钉；
14—轴承体；15—轴承体压盖；16—单列向心球轴承；17—固定螺帽；
18—联轴器；19—轴承挡套；20—轴承盖；21—压盖螺栓；22—键

Sh 型离心泵在结构上分甲、乙两种。轴承内的轴径等于或小于 60mm 的为甲式，采用单列向心球轴承支承。轴承内的轴径等于或大于 70mm 的为乙式，采用滑动轴承支承。Sh 甲型离心泵主要构件如下：

（1）泵壳。泵壳分上下两部分，下半部称泵座，上半部称泵盖。泵盖与泵座的接缝为水平方向，所以通常称为水平中开型离心泵。

（2）叶轮。叶轮为双吸式；叶轮与泵轴用键连接；叶轮两边有轴套固定其位置；两侧设有密封环。

（3）填料筒。填料筒设在泵壳两端的穿轴处。

（4）泵轴及轴承。泵轴的中央是叶轮，叶轮与轴用键连接，叶轮两边用轴套固定，轴套用轴套螺母固定。轴套除了固定叶轮外，还能保护填料筒内的轴不被磨损。轴套磨损后可用备件更换。

Sh 甲型泵的泵轴由两个单列向心球轴承支承。轴承装在轴承体内，用钙基润滑脂润滑。

Sh 乙型泵口径在 350mm 以上，流量很大，不适合在油库中使用。

四、DA 型多级离心泵的结构

油库收发区与储存区间距离较远，高差也较大，需要扬程较高时，多选用 DA 型、D 型、YD 型和 TSW 型等多级离心泵输送轻油品。这些泵在结构和工作原理上有共同点。现以 DA 型多级离心泵的结构为例予以说明。DA 型离心泵的结构如图 2-5 所示。

（1）泵体。泵体由吸入壳、中段、排出壳、平衡室盖等组成，均用铸铁铸造而成。吸入壳、中段和排出壳用拉紧螺栓固定成一体，共同组成泵的工作室，即泵体。中段的数目可以根据需要而增减，因此称为分段式离心泵。

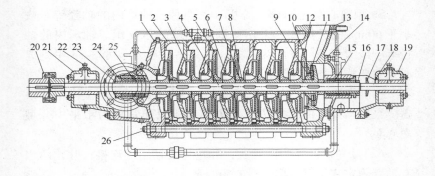

图 2-5 DA 型多级离心泵的结构

1—吸入壳；2—中段；3—叶轮；4—轴；5—导翼；6—密封环；7—叶轮档套；
8—导翼套；9—平衡盘；10—平衡套；11—平衡环；12—排出壳导翼；
13—排出壳；14—平衡室盖；15—轴套；16—轴套螺母；17—挡水圈；
18—平衡盘指针；19—轴承动部件；20—联轴器；21—承教甲部件；22—油环；
23—轴套甲；24—填料压盖；25—填料环；26—拉紧螺栓

在吸入壳和中段的右侧有密封环，由铸铁制造，用螺钉固定在吸入壳和中段上，与叶轮吸入口配合，减少高压液体流回叶轮吸入口。

在泵体内还装有导翼，由铸铁铸造，其位置在叶轮的外缘。用螺钉固定在中段和排出壳的左侧。

（2）转子。泵轴、吸入轴套、叶轮、叶轮挡套、平衡盘、排出轴套和轴套螺母等转动件，统称为转子。上述转动件用轴套螺母紧固。

叶轮数目称为泵的级数。在同一台泵上，由于每个叶轮尺寸相同，每一级叶轮所产生的扬程相等。泵的扬程与叶轮数目成正比，如 6DA-8 型泵，每级叶轮产生的扬程为 28m，其总扬程为 $28 \times 4 = 112m$。

叶轮挡套的作用是保持相邻叶轮之间适宜的间隔。

（3）轴承。DA 型离心泵轴承采用铸铁制造，里面镶有巴氏合金的滑动轴承，用机械油由油环自行带动油润滑。泵轴可沿轴向滑动。

（4）轴向力平衡装置。DA 型离心泵和其他分段式多级离心泵叶轮的吸入口都朝着一个方向。每一级叶轮都产生一个指向吸入口方向的轴向推力。多级泵的轴向推力的大小等于每一级叶轮所产生的轴向力的总和。同一型号的泵，级数越多，轴向推力就越大。为了平衡这一轴向力，在泵的最后一级叶轮后面装有平衡盘（见图 2-6）。平衡盘 1 用键和轴套固定在轴上，平衡盘的背面是平衡室 4，用回流管（也称平衡管）与泵的吸入口连通。平衡盘与静止的平衡环之间有一定的轴向间隙。

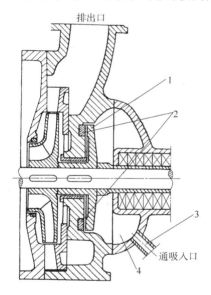

图 2-6　平衡盘装置

1—平衡盘；2—平衡环；3—回流管；4—平衡室

五、D 型离心泵的结构

D 型离心泵是在 DA 型泵的基础上改进而成的新系列单吸多级分段式离心泵。其结构如图 2-7 所示。

（1）定子。泵的定子部分主要由前段、后段、中段、导翼、尾盖、轴承体等零件用螺杆联结而成。

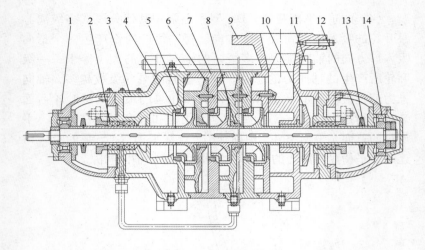

图 2-7　D 型离心的泵的结构

1—轴承体；2—填料；3—前段；4—密封环；5—叶轮；6—导翼；7—中段；

8—导翼套；9—后段；10—平衡盘；11—拉紧螺栓；12—O 形密封圈；

13—挡水圈；14—单列向心滚柱轴承

（2）转子。转子部分主要由装在轴上的数个叶轮（根据所需扬程而定）和一个用来平衡轴向力的平衡盘所组成。整个转子部分的两端支承在用润滑脂润滑的单列向心滚柱轴承上。口径200mm 以上的采用巴氏合金滑动轴承。

（3）密封。泵的前段、后段、中段之间的静止结合面是用纸垫密封。泵的各级间的转动部分密封是靠叶轮前的密封环、导翼套与前段、中段、导翼间的小间隙来达到，为了防止水进入轴承，安装了 O 形密封圈和挡水圈。

为防止空气进入和大量液体渗出，泵的工作室两端采用软填料或机械密封。填料函由进水段、尾盖、填料压盖、填料环及填料组成。由少量有一定压力的液体通入填料室起液封作用。

从电机方向看，泵的旋转方向为顺时针方向。

六、TSW 型多级离心泵的结构

TSW 型离心泵有 6 种 48 个型号。TSW 型泵离心外形小，结构简单。TSW 型泵的结构如图 2-8 所示。

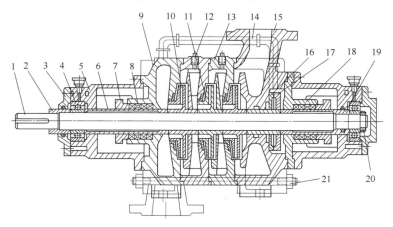

图 2-8　TSW 型多级离心泵的结构

1—轴；2—钻套螺母；3—轴承盖；4—轴承；5—轴承体；6—前套；
7—填料压盖；8—填料环；9—前段；10—叶轮；11—密封环；12—螺塞；
13—中段；14—回水管；15—后段；16—平衡环；17—平衡盘；18—尾盖；
19—后轴套；20—圆螺母；21—拉紧螺栓

TSW 型泵为多级分段式，其吸入口位于前段，成水平方向，排出口在后段垂直向上。其扬程可根据使用需要而增减泵的级数。泵装配良好与否，对性能影响很大，尤其是各个叶轮的出口与导翼进口的相对位置，每级叶轮的排出口的中心应与导翼的中心对准，稍有偏差将使泵的流量减少，扬程降低，效率变差。

TSW 型泵的主要零件有轴、轴套、前段、叶轮、密封环、中段、平衡环、平衡盘、尾盖。

（1）工作室。工作室由铸铁制成的前段、中段、后段、尾盖等共同形成。

（2）叶轮。叶轮由铸铁制成，内有叶片，液体沿轴向单侧进入。由于叶轮前后受压不等而存在轴向力，轴向力由平衡盘平衡。叶轮制造时经过静平衡试验。

（3）轴和轴套。轴为优质碳素钢制成，中间装有叶轮，用键、轮套和轴套螺母固定在轴上。轴的一端安装联轴器与电动机直接连接。

轴套用铸铁制成，其作用是固定叶轮，保护泵轴。轴套为易损件，磨损后可用备件更换。

（4）轴承。轴承采用单列向心球轴承，用钙基润滑脂。

（5）密封。密封环用铸铁制成（防止中高压液体回漏），分别固定在吸入段与中段上，是易损件，磨损后可用备件更换。

填料起密封作用，防止空气进入和大量液体漏出。填料密封由前段、尾盖上的填料室、填料压盖、填料环、填料等组成。少量高压液体流入填料室中具有液封作用。

（6）平衡装置。平衡装置由平衡环和平衡盘组成。平衡环用铸铁制成，固定在排出段上，它与平衡盘共同组成平衡装置。

七、单级单吸悬臂式 Y 型离心油泵的结构

单级单吸悬臂式 Y 型离心油泵的结构，如图 2-9 所示。

（1）泵体。泵体为垂直剖分悬架式搁在支脚上。当温度变化时，油泵能在纵向范围内自由膨胀。吸入口和排出口朝上，有利于排除泵内油气。泵壳为后开门式（前开门式是泵体固定在托架上，再将泵盖固定在泵体上。如 BA 型泵是后开门式，与前开门式相反，叶轮前面的部分为泵体，叶轮后面的部分为泵盖），解体泵壳时不需要拆卸管路，只要拆去加长联轴器（比一般联轴器长）就可以松开泵体与泵盖间的紧固螺栓，从后面退出整个泵盖和转子。填料函在泵盖上，并设有冷却水套，对泵盖、紧固螺栓、轴封等具有降温作用。

（2）转子。叶轮、叶轮螺母、轴套、轴等组成泵的转子。叶轮上有平衡孔，用以平衡大部分轴向力，未平衡的部分由轴承承受。

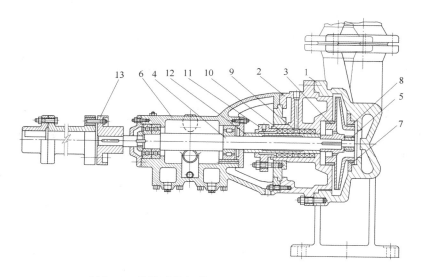

图 2-9 悬臂式单级单吸 Y 型离心油泵的结构

1—泵体；2—泵盖；3—叶轮；4—轴；5—叶轮螺母；6—托架；

7—泵体密封环；8—叶轮密封环；9—填料环；10—填料；

11—中开填料压盖；12—轴套；13—联轴器

热油泵的承磨环间隙要比冷油泵大些，因为受热后膨胀。

转子由托架支承，托架悬臂固定在泵盖上。

（3）润滑和油封。滚珠轴承采用润滑油润滑，当介质温度高于 80℃ 时，托架冷却室应通冷却水；当介质温度高于 200℃ 时，则支架冷却室也应通冷却水冷却。在介质温度低于 80℃ 时，软填料中的油封环（相当于水泵中的水封环）可直接引用油泵出口的液体进行油封，否则应采用常温循环油封系统，以供给油封环进行油封。填料压盖上可引入冲洗水，既冷却压盖和轴套，又可将漏出的油品冲走，有利于油泵安全工作。为防止轴转动时产生火花而造成事故，压盖内圈镶有铜环。

轴封有软填料密封和机械密封。软填料密封虽然结构简单、维修方便，但密封性能差，摩擦功耗大，现已较多地采用了机械密封。

（4）联轴器。Y 型油泵采用弹性联轴器，可使泵轴有膨胀伸缩的余地。联轴器中间有加长段，检修时先拆下它就可将泵体、托架及转子取下来，不必松开电动机。

Y 型油泵也有多级的，与前面介绍的多级泵基本一致。

八、YD 型离心油泵的结构

YD 型多级分段式离心油泵是 D 型离心泵的变种，其结构如图 2-10 所示。

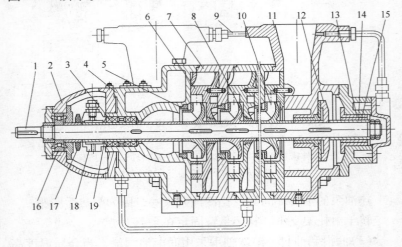

图 2-10   YD 型离心油泵的结构

1—泵轴；2—轴承体；3—填料；4—吸入段；5—密封环；6—导翼；7—中段；
8—导翼套；9—平衡管；10—叶轮；11—排出段；12—平衡盘；13—轴承套；
14—轴套；15—滑动轴承；16—单列向心滚柱轴承；17—挡油圈；
18—填料压盖；19—轴套

（1）固定部分。它主要由轴承体、吸入段、中段、排出段、导翼等零件组成，用螺栓连接。吸入段的吸入口为水平方向，排出段的排出口垂直向上。

（2）转动部分。它主要由轴、装在轴上的叶轮、用以承受轴向推力的平衡盘零件组成。在吸入端转动部分由圆柱滚动轴承支承，在排出端则由滑动轴承支承。泵的级数即轴上的叶轮数，按所需的扬程决定。

（3）轴承部分。吸入端用单列向心圆柱滚动轴承，用润滑脂润滑。该轴承允许少量的轴向移动，以利平衡装置调整间隙达到平衡轴向力。不能用单列向心球轴承代用。排出端的滑动轴承装在轴承套内，在套的外壁镶入定位销，防止轴承在套内移动。滑动轴承的内圆，开有三条润滑槽，用平衡盘泄出的油液润滑，油液经过平衡管返回到吸入段。轴承体内备有冷却室，必要时可接引冷却水。

（4）泵的密封。泵的吸入段、中段、排出段间的结合面涂以二硫化铝润滑脂进行密封，泵的转动部分与固定部分间靠密封环、导叶套、填料进行密封。滚动轴承处用 O 形耐油橡胶圈、挡水圈防止油液进入轴承。在中开型填料压盖上方安装管径为 $\phi6$ 的紫铜管引入冷水密封，水与油混合后从压盖下方流出。

（5）泵的转向。从电动机方向看，为顺时针方向旋转。

九、YG 型离心管道油泵的结构

YG 型离心管道油泵的结构如图 2-11 所示。

离心式管道油泵是泵体、泵底座合为一体，无轴承箱，用刚性联轴器使泵轴和电动机联结起来。吸入口和排出口位于同一水平线上，它可直接安装在管线上，整个泵的外形像一个电动阀门。其下部设有方形底座，也可直接安装在水泥座上。轴封装置有填料密封，也有机械密封，周围设有冷却水套，当液体温度较高时，可通入冷却水冷却。

管道泵的结构简单，占地面积小。由于吸入口和排出口位于同一水平面上，有利于在管道上安装，减少弯头。特别适于户外运行或中途加压等场合，不需要建筑泵房。离心式管道油泵采用露天防爆电动机。常用的管道油泵的流量为 6.25 ~ 360m³/h，扬程为 24 ~ 150mH₂O。其结构特点是：

（1）泵体。吸入口和排出口直径相同。

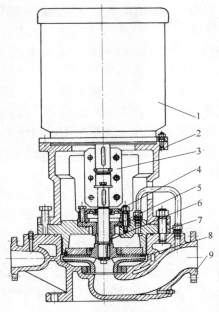

图 2-11　管道油泵的结构

1—电动机；2—电机座；3—联轴器；4—密封座；
5—轴承；6—机械密封；7—泵盖；8—叶轮；9—泵体

（2）叶轮和密封环。采用闭式叶轮，叶轮与叶轮螺母之间有防松垫圈。泵体密封环由铸铁制造，叶轮密封环则由钢件镀铝或堆焊硬质合金。

（3）泵轴密封。可以采用填料密封和机械密封两种。采用填料密封时，应从泵出口处引入有压液体，起阻气、冷却和润滑作用。填料压盖为半开型式，更换填料时可以取出。填料筒外有冷却水套，当输送油品温度高于 80℃ 时，应引入冷却水进行冷却。油库使用的管道油泵不必安装冷却水管。

采用机械密封时，应根据泵吸入口的压力选择机械密封的类型。泵的进口压力为 0～700kPa 时，采用单端面不平衡型；泵的进口压力为 300～4000kPa 时，采用单端面平衡型。若使用单位未提出特殊要求，泵出厂时均配用单端面不平衡型机械密封。

（4）轴套。采用机械密封和填料密封时，轴套外径不同，前者小而后者大。为防止液体泄漏，在轴和轴套接触端面有密封垫片。

（5）联轴器为两半夹壳式。

（6）电机采用专用电机，能够承受泵的轴向推力，因此管道泵无轴承。

第三节　离心泵的基本性能参数

泵的类型不同其工作性能也不同，泵的性能参数主要有流量、扬程、功率等，一般都标明在泵的铭牌上。铭牌上的性能参数是指泵在一定转速下，工作效率最高时的性能指标。在实际工作中，由于受到液体种类、温度、管路等因素的影响，使泵不可能在这一参数下工作。因此，泵的出厂说明书上给出的性能参数范围（即泵的工作范围）是泵在这一范围内工作时效率较高。

一、流量（Q）

泵的流量是表示泵在单位时间内输送液体的数量，有体积流量和质量流量两种表示方法，一般采用体积流量。

体积流量用 Q 表示，单位 m^3/h 或 L/s。

质量流量用 G 表示，单位 t/h 或 kg/s。

质量流量与体积流量的关系为：

$$G = \gamma Q$$

式中　G——质量流量，kg/s 或 t/h；

　　　γ——液体密度，kg/L 或 t/m^3；

　　　Q——体积流量，L/s 或 m^3/h。

泵的铭牌上标明的流量是指效率最高时的流量。

二、扬程(H)

泵把单位液体提升的高度或给予的能量叫做泵的扬程（也叫压头），单位为 m 液柱。离心泵扬程的大小与泵的转速，叶轮的结构与直径，以及管路情况等因素有关。扬程的变化直接使泵的流量发生变化。

泵的扬程分为吸入扬程（即吸入真空高度）和排出扬程两部分。如图 2-12 所示。

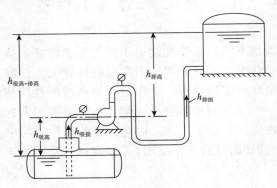

图 2-12 泵的扬程

把液体从容器（如油罐车）中吸入到泵内的扬程叫吸入扬程。吸入扬程包括吸入高度和吸入管路的阻力损失两部分。即：

$$H_{吸} = h_{吸高} + h_{吸损}$$

把液体从泵内排到另一个容器（如油罐）的扬程叫排出扬程。排出扬程包括排出高度和排出管路的阻力损失两部分。即：

$$H_{排} = h_{排高} + h_{排损}$$

泵的扬程包括吸入扬程和排出扬程。即：

$$H = H_{吸} + H_{排} = h_{吸高} + h_{吸损} + h_{排高} + h_{排损}$$

吸入扬程可用真空表测量，排出扬程可用压力表测量。因此，泵的实际扬程应是：

$$H = \Delta h + \frac{P_{表} - P_{真}}{\rho g} + \frac{v_{排}^2 - v_{吸}^2}{2g}$$

式中　$P_表$——泵排出口压力表的读数，Pa；

　　　$P_真$——泵吸入口真空表的读数，Pa；

　　　$v_吸$——泵吸入口测量点的流速，m/s；

　　　$v_排$——泵排出口测量点的流速，m/s；

　　　Δh——泵吸入口和排出口测量点的高差，m；

　　　ρ——被输送液体的密度，kg/m³；

　　　g——重力加速度，m/s²。

在实际中，压力表与真空表安装高度差很小，可忽略不计，即 $\Delta h \approx 0$；泵的吸入管径与排出管径一般情况下相等或相差不大，则 $v_吸 \approx v_排$，速度水头差也可忽略不计，即 $(v_排^2 - v_吸^2) \div 2g \approx 0$。泵的扬程与压力表和真空表读数的关系可简写成下式：

$$H = \frac{P_表 - P_真}{\rho g}$$

泵铭牌上扬程的单位一般用"mH₂O 柱"来表示，有人认为油比水轻，泵输油时要比输水时的扬程大，这种看法是不对的。因为用同一台泵输油时，只要油品和水的黏度相近，在同样的转速和流量下，油品的密度小，产生的离心力小，泵的扬程（mH₂O 柱）将小于输水时的数值。若 m 油柱与 mH₂O 柱数值相近或相等，输油时要比输水时消耗电机的功率要小，压力表上反映的压力要低一些。

三、转速(n)

泵的转速是指泵轴每分钟的转数，用 n 表示，单位是 r/min。转速是影响泵性能的一个重要因素，它一般都决定于原动机转速。电动离心泵的转速一般有 2900r/min 和 1450r/min 两种。泵在规定的转速下工作时，流量、扬程、轴功率才能得到保证。当转速变化时，泵的流量、扬程、轴功率都要随之改变。泵的转速越高，产生的流量与扬程越大。

泵铭牌上的转速是指额定转速，它是根据该泵的机械强度和其他条件确定的。泵在额定转速下工作是最合理的。如果提高泵的转速，长时间超速动转，不仅泵容易损坏，而且转速增加后，原动机的负荷也随之增加，原动机会由于超过允许负荷而烧坏。

四、功率（N）

泵的功率是指泵在工作时，泵轴所需要的功率，称为轴功率，用千瓦（kW）表示。$1 \text{kW} = 102 \text{kg} \cdot \text{m/s}$。

泵从动力机所获得的功率不能全部用来输送液体，其中有一部分损失在机械摩擦、液体的回流，以及液体与叶轮、泵壳的摩擦和撞击上。轴功率中扣除了这部分损失后，才是真正用于输送液体的功率，称为有效功率（N_e）。泵的有效功率可用下式计算：

$$N_e = \rho g / 102$$

泵传给液体的功率 N_e，必须从原动机那里取得一定的输入功率，把原动机传给泵轴的功率，叫做轴功率，用 N 表示。即：

$$N = \frac{\rho g Q H}{102 \eta}$$

式中　Q——流量，m^3/s；

H——扬程，m；

g——重力加速度，m/s^2；

ρ——密度，kg/m^3；

η——效率。

泵的铭牌上标明的"功率"一般不是泵的功率，而是所配动力机应有的功率。若铭牌上标明"轴功率"，选配动力机的功率，一般应比轴功率大 0.1～0.15 倍。

五、效率（η）

泵从原动机那里得到的轴功率 N，不可能全部传给被输送的液体，其中有一部分能量损失。这样，被输送的液体实际所获得的有效功率 N_e 比原动机传至泵轴的功率 N 要小，泵的有效功率占泵的轴功率的百分数称为泵的效率，以符号 η 表示。其表达式为：

$$\eta = \frac{N_e}{N} = \frac{\rho g Q H}{102N}$$

效率是判断泵的构造在机械和水力方面完善程度的重要标志，是泵的一项重要的技术经济指标。泵的类型不同，它的效率范围也不一样。离心泵效率大致在 60% ~ 90% 的范围。

泵的效率除了与设计、制造有关外，还和使用维修好坏有关，如果使用维护不当，即使是高效率的泵，也达不到高效运行的目的。因此，在工作中必须正确地使用、及时维护保养，以保证泵在高效率状态下工作。

六、最大允许真空度(允许吸入真空高度)($H_{s允}$)

泵在工作时，真空表读数允许达到的最大值，称为泵的最大允许真空度，它是表示泵的吸入能力好坏的指标，单位是 m 水银柱。泵铭牌上一般使用允许吸入真空高度表示，单位是 mH_2O 柱，两者的物理意义是一样的。

泵的真空度愈大，泵的吸入能力愈好，但是泵在工作中真空表读数不能超过最大允许真空度。因为，当真空度增大到一定程度，使液体的绝对压强(剩余扬程)等于液体的饱和蒸气压时就会产生汽化现象，形成气穴，不但不能提高吸入能力，而且还会破坏泵的正常工作。

产生气穴的原理是在液体被泵吸入的过程中，随着液体的上升，以及液体与管壁的摩擦损失和进入叶轮的阻力损失增加，压力逐渐降低，真空度逐渐增大。液体在一定条件下都有相应的饱和蒸气压，液体在吸入过程中，当某一点的压力等于液体的饱和蒸气压时，液体就会从内部汽化而沸腾，产生大量气泡，当气泡随同液体进入叶轮和泵壳压力较高的地方时，由于压力的增大，气泡迅速凝聚，气泡周围的高压液体以极快的速度向凝聚处猛烈冲击，这种冲击压力很大。

在冲击点上的压力可高达几百个大气压，它能将叶轮和泵壳的表面打出麻点，甚至损坏机件，这种现象就叫汽蚀。泵的允许吸入真空高度是泵不产生汽蚀时，真空表的最大读数。不能把它理解为该泵能吸入的高度，泵的吸入高度始终小于泵的允许吸入真空高度。泵的允许吸入真空高度可用下式表示，即：

$$泵的允许吸入真空高度 = \frac{大气压}{所输液体密度} -$$

$$\frac{所输液体的饱和蒸气压}{所输液体密度} - 液体进入叶轮的阻力损失$$

从上式可以看出：

（1）大气压对真空度的影响。当所输液体的饱和蒸气压和液体进入叶轮的阻力损失一定时，大气压越大，泵的允许吸入真空高度越大；大气压越小，泵的允许吸入真空高度就越小。而大气压是随海拔高度的增高而降低的，所以在相同条件下，高原地区泵的允许吸入真空高度比平原地区小些。

（2）介质饱和蒸气压对真空度的影响。当大气压和液体进入叶轮的阻力损失一定时，所输液体的饱和蒸气压越大，泵的允许吸入真空高度越小；所输液体的饱和蒸气压越小，泵的允许吸入真空高度越大。而所输液体的饱和蒸气压是随温度的增高而增大的，所以在相同条件下，夏天抽注油品时，泵的允许吸入真空高度要比冬天小些。

（3）流量对真空度的影响。当大气压和所输液体的饱和蒸气压一定时，所输液体的流量越大，泵的允许吸入真空高度越小；所输液体的流量越小，泵的允许吸入真空高度越大。

综上所述，泵的允许吸入真空高度受大气压、所输液体的饱和蒸气压、液体进入叶轮的阻力损失等因素的影响，即受到海拔高度、所输液体的温度、所输液体的流量等条件的影响；泵铭牌上标明的允许吸入真空高度是指在额定流量下，液面大气压等于 $10mH_2O$ 柱，抽注 $20℃$ 清水时的数值。

七、汽蚀余量(Δh_a)

(一)汽蚀余量的含义

汽蚀余量是指在泵入口处单位质量液体所具有的超过汽化压力的富裕能量,单位用 m 液柱表示。汽蚀余量越大,泵就越不会发生汽蚀。然而,实践证明,泵内压力最低点并不是在泵的吸入口,而是在叶轮吸入口。汽蚀最易产生在叶轮入口处,但是叶轮入口的压力很难直接测定,一般通过测定泵入口的参数来确定泵的汽蚀性能。因此离心泵的汽蚀余量涉及两个方面的问题,一是液体在泵入口处的能量富裕值,用"有效汽蚀余量"来表示;二是液体在泵内的能量损耗值,用"必需汽蚀余量"来表示。

(二)有效汽蚀余量的含义

有效汽蚀余量是指液体进入泵壳前所剩余的,并能够有效地利用防止汽蚀发生的一部分能量,这个余量主要取决于管道装置的操作条件(如吸入罐压力、吸入管道阻力损失、液体性质及温度等),与泵体的结构尺寸无关,用符号$[\Delta h_a]$表示。即:

$$[\Delta h_a] = \frac{P_s}{\rho g} + \frac{v_s^2}{2g} - \frac{P_t}{\rho g}$$

(三)必须汽蚀余量的含义

必须汽蚀余量是泵工作时所必须的汽蚀余量,是泵入口到叶轮内最低压力点处的全部能量损失,它可以揭示泵汽蚀产生的内部条件,用Δh_r表示。这个能量损失越小,泵发生汽蚀越不容易,它要求泵入口外液体的富裕能量Δh_a也可小些。因为泵入口外的富裕能量在克服了这个损失后还有剩余,压力仍高于液体的汽化压力,液体不会汽化。

根据Δh_a和Δh_r可以判断泵会不会发生汽蚀,其关系是:当$\Delta h_a > \Delta h_r$时,泵汽蚀不会产生;当$\Delta h_a = \Delta h_r$时,泵汽蚀开始产生;当$\Delta h_a < \Delta h_r$时,泵汽蚀已经产生。

为了保证泵的正常运转，不发生汽蚀，对于泵所需的汽蚀余量还需考虑一个安全量，作为泵的允许汽蚀余量，这个安全量一般取 0.3m 液柱，用[Δh_r]表示允许汽蚀余量，即：

$$[\Delta h_r] = \Delta h_r + 0.3$$

式中　[Δh_r]——泵允许的汽蚀余量，m 液柱；

　　　Δh_r——泵必须的汽蚀余量，m 液柱。

八、比转数(n_s)

比转数也称比速。它是影响离心泵叶轮结构和性能的一个参数。了解比转数的意义，对于正确选用离心泵很有帮助。

比转数是与真实泵几何相似的标准模型水泵，在理论功率 $N = 746W$，产生扬程 $H = 1m$ 液柱时，模型泵的转速。

低比转数的离心泵产生小的流量、高的扬程。高比转数离心泵的流量大而扬程低，泵的尺寸一般也较小，具有轻便灵活之优点，适合于农田排灌及其他需要大流量、低扬程的场合，在油库中较少使用。

第四节　离心油泵(含管道泵)的完好标准

一、运转正常性能良好

①压力、流量平稳，经常在高效区域运行，流量不低于额定值的 50%。

②润滑、冷却系统畅通，不堵不漏。油环、轴承箱、液位管等齐全好用，润滑油(脂)选用符合规定；密封装置良好，运转时，填料密封泄漏量不超过 20 滴/min，机械密封不超过 5 滴/min；停止工作时，不泄漏。

③轴承润滑良好，滚动轴承温度不超过 70℃，滑动轴承温度不超过 65℃。

④盘车无轻重不匀感觉；运转平稳，无杂音，无异常震动。

⑤机件磨损不超限，转子晃动和各部配合符合规定要求。

⑥泵机组安装水平，同心度良好；联轴器端面间隙应比轴的最大窜动量大 $2\sim3$mm，径向位移不大于 0.2mm；端面倾斜不大于 1%；胶圈外径和孔径差不大于 2mm；磨损不超过极限值。

⑦泵体完整、无裂纹、无渗漏。

二、附件齐全安装正确

①压力表、真空表等仪表齐全，指示准确，定期校验；压力表量程为额定量程的 2 倍，精度不低于 1.5 级。

②止回阀安装方向正确，无卡阻现象。

③过滤器、出入口阀门和润滑、冷却管等附件齐全好用，安装位置适宜，不堵不漏。吸入管径不小于泵的吸入口；过滤器（$20\sim25$ 目）流通面积应为进口面积的 $8\sim9$ 倍。

④泵座、基础牢固；各部螺栓、螺母、背帽、垫圈、开口销、放气阀等齐整、紧固、满扣；机座水平偏差不超过 0.2mm/m。

三、外观整洁维护完好

①泵体油漆完好、无脱落，轮（轴）无锈蚀，铭牌完好、清晰。

②泵体连接处无渗漏，地面无油迹。

③油泵编号统一，字体正规，色标清楚。

四、技术资料齐全准确

①有产品出厂合格证、有备履历卡片。

②有易损件备品，或有易损件图纸。

③有运行、检修、缺陷记录，内容完整，记录整齐。

第五节　离心泵的操作使用

为了使离心泵安全运转，防止油泵损坏和人身伤亡事故的发生，操作离心泵时，必须严格遵守操作规程。

一、开始运转前的准备工作

(1)检查各连接螺丝有无松动。

(2)检查轴承润滑油是否良好。

(3)检查填料压盖松紧是否合适，或机械密封是否处于良好状态。

(4)泵轴转动是否灵活，有无卡阻现象。

(5)根据输油作业方案，按输油方向打开吸入管路阀门，关严与方案无关的阀门。

(6)在准备阶段应与配电间(或发电间)联系，及时供电。

(7)向油泵内灌油。小型离心泵可直接灌泵；固定泵站一般用真空泵来吸引油罐车的油料，使吸入管内和油泵内充满油料；有条件时可以利用高差自流灌泵。

二、启动油泵

(1)按下启动按钮(或连接驱力器)启动油泵。

(2)运转正常、压力表指示正常压力后，再慢慢打开排出阀门。

(3)开阀后，如果压力表读数降到"0"时，必须关闭出口阀门重新灌满油后再启动。

(4)离心泵关闭出口阀门运转时间不能过长，一般以 1～3min 为限。时间过长会引起液体发热，甚至出现汽蚀。

三、运转中的维护

泵在运转中，必须认真观察和检查。其方法是听、看、摸。

（1）听——随时注意倾听泵和发动机运转声音是否正常。

（2）看——经常注意看压力表和真空表是否正常，也应注意电流表指示是否正常，轴封装置泄漏量是否符合要求。

（3）摸——用手摸轴承、填料筒和电动机的温度是否过高（泵轴承温度不高于65℃，电机轴承不超过80℃）。

四、停泵

离心泵停泵前，必须先关闭排出阀门，然后再停泵。这样操作，液体速度是逐渐减慢的。如果突然停泵，会使管线内液体脱节，液体再次相遇时会产生水击，可能损坏管路及其管件。如果系统没有单向阀，不关排出阀门停泵，会造成液体倒流。

五、自吸离心泵的操作使用特点

自吸离心泵与一般离心泵的区别在于能自吸。因此，其操作使用特点也是由"自吸"所决定的。

（1）必须打开排出阀门启动。自吸离心泵吸入管中的气体，要靠油泵启动后抽走，因此必须开阀启动，使气体能从排出口中排出。

（2）油泵腔内要有足量的液体。自吸离心泵腔内若无液体，则不能形成气液泡沫混合物，也不能抽气。油泵腔内太少也同样起不了抽气作用。图2-13是自吸离心泵在抽气过程中油泵腔内的液体循环情况。

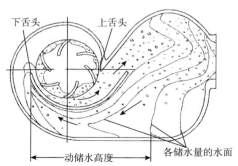

图2-13　自吸离心泵在抽气过程中泵内液体循环情况

对某自吸离心泵实验表明，其抽气能力与泵内液体的多少关系密切。当油泵内液体少于 1.5L 时，真空度很小，并且泵内工作状态不稳，空气会漏入泵内，循环会中断，不能连续抽气；泵内储水量大于 2.0L 时，回水堵住下舌头处，空气不会漏入泵内，这时开始连续抽气。真空度随泵内储液量增加而增加。当油泵内储液量达 3.5L 时，真空度可达 9m；储液量大于 3.5L 时，真空度随储液量的增加而增加的速度变缓，如图 2-14 所示。由此看来，其储液量 3.5L 最为适当。

为了保证抽气的速度和可靠性，启动前应当在泵腔内灌入足量的液体（油品）。

（3）抽气时应有较高的转速。自吸泵在不同转速下的自吸真空度如图 2-15 所示。从图中可知，转速 n 对自吸真空度影响很大，直到接近极限真空度时转速的影响才减弱。泵在自吸时应当将原动机转速调到高速，以便缩短自吸时间。

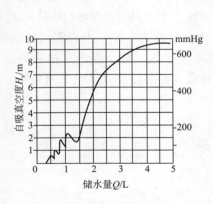

图 2-14　储水量和自吸
真空度的关系

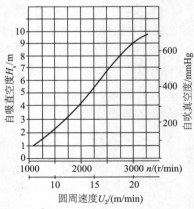

图 2-15　转速与自吸真空
度的关系

第六节　离心泵的故障及排除

离心泵工作时发生故障，势必影响输油作业的顺利进行。因此，必须掌握分析故障的基本方法，迅速判断故障原因并排除故障。

离心泵故障分为两类，一类是油泵本身的机械故障，一类是油泵和管路系统故障。油泵不能离开管路独立工作，管路系统故障虽然不是油泵本身故障，但能从泵上反映出来，这方面的故障应进行综合分析。

一、判断故障的基本方法

判断故障的基本方法是观察油泵工作时压力表和真空表读数的变化。根据两表读数变化，既能了解油泵是否发生了故障，又可进一步抓住实质，准确、及时排除故障。这是因为：

$$P_{\text{表}} \approx \gamma(h_{\text{排高}} + h_{\text{排损}})$$
$$P_{\text{真}} \approx \gamma(h_{\text{吸高}} + h_{\text{吸损}})$$

在工作中，如果排出高度不变，但压力表读数发生了变化，说明管路阻力（$h_{\text{排高}}$）发生了变化。阻力（$h_{\text{吸高}}$）的变化说明了管路是否堵塞，流量是否变化。如果工作中吸入高度未变，但真空度却发生了较大的变化，同样也可以了解油泵工作是否正常。

由此可见，要想用仪表来判断油泵的故障，首先要了解油泵正常工作时压力表和真空表的读数。只有知道正常，才能区别不正常。除此之外，还可通过听声音、看电流表读数变化等方法帮助判断故障。造成油泵故障的原因很多，归纳起来有油泵内有气、吸入管路堵塞、排出管路堵塞、排出管破裂等四个方面。也可归纳为"气、堵、裂"三个字。

二、油泵和管路系统故障分析与排除

离心泵工作发生故障时的特点是压力表和真空表读数同时

变化，这是因为离心泵流量和压力是互相影响的，即使吸入系统发生故障，也要影响排出过程；同样，排出系统发生故障，也会影响吸入过程。所以，在判断离心泵故障时不能只看一个表的读数就下结论。

（1）油泵内有气。真空表和压力表的现象是读数都比正常值小，真空度不稳定，甚至降到零。这是因为油泵进入空气以后，压头显著降低，流量也急剧下降造成的。

吸入系统不严密。油泵内有气是由吸入系统不严密引起。容易发生漏气的部位是吸入管路系统连接处不严，填料筒不严，真空表接头松动等。这些都会引起油泵内有气。离心泵转速降低或反转，也有类似现象，两表读数偏小，但比较稳定。

安装不符合技术要求。油泵和吸入管路安装不符合技术要求见图 2-16。图中不正确安装，油泵内和吸入管内不能完全充满所输液体。这时即使操作完全符合规程，油泵也不能正常工作。

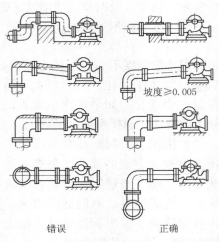

坡度≥0.005

错误　　　　　　　正确

图 2-16　吸入管路安装正确和错误示意图

消除泵内和吸入管道故障的方法是，在油泵和吸入管路系统可能积存气体的地方安装上旋塞，灌泵时，可将积存气体排出，如图 2-17 所示。由于地形要求油泵排出口水平安装，并安装了排气阀门 2，但启动后不能工作，然后把阀门改装在阀门 3 的位置，问题得以解决，其原因是阀门 2 仍然不能把气体全部排出。

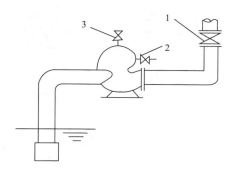

图 2-17　排气旋塞阀安装位置示意图
1—油泵出口阀门；2—旋塞阀错误位置；
3—旋塞阀正确位置

（2）吸入管路堵塞。压力表和真空表的表现是真空表读数比正常大，压力表读数比正常小。

吸入管路堵塞时，吸入管路阻力增加，即加大了吸入压头，所以真空表读数比正常大。同时由于流量减小，排出阻力减小，因此压力表读数比正常小。

吸入管路堵塞的常见原因是吸入管路插入容器太深，接触了罐底；吸入管路使用太久，内层松脱；吸入滤网被污物堵塞；吸入阀门（底阀）未完全打开等。

（3）排出管路堵塞。压力表和真空表的表现是压力表读数比正常大，真空表读数比正常小。

排出管路堵塞时，排出管路的阻力（$h_{吸高}$）增大，压力表读数会上升；排出管路的阻力（$h_{吸高}$）增大，流量减少，真空度下降。

排出管路系统堵塞的常见原因是排出阀门未打开或开错阀门，过滤器被污物污染等。

（4）排出管路破裂。压力表和真空表的表现是压力表读数突然下降，真空表读数突然上升。

这是因为排出管破裂后，排出管路阻力减少，流量增大，造成真空度上升。

从两表读数来看，同吸入管路堵塞真空度增大，压力下降一样。但排出管路破裂突然，应立即关阀停泵，查明原因，以避免事故扩大。

排出管路破裂的原因，主要是焊接质量不高，管路腐蚀、开关阀门过快引起水击。但其根本原因是重视不够，执行操作规程不严，管路没有定期试压。

（5）油泵产生汽蚀。油泵产生汽蚀时，会发出不正常的振动和声音，流量和压头都出现减少，甚至失去吸入能力，这种现象叫汽蚀。发生汽蚀时，压力表读数不稳，甚至下降为零。但油泵发生汽蚀的情况不多。

三、离心泵的机械故障

（一）离心泵常见故障与排除

离心泵常见故障与排除见表2-2。

表2-2　离心泵常见故障与排除

故障现象	故障原因	排除方法
（1）流量、扬程降低	泵内、吸入管内存有气体	重新灌泵，排除气体
	泵内、吸入管内有杂物堵塞	检查清除
（2）电流升高	转子与定子碰擦	解体修理
（3）振动值增大	泵轴与原动机轴心对中不良	重新校正
	轴承磨损严重	更换
	传动部分平衡破坏	重新检查并消除

故障现象	故障原因	排除方法
（3）振动值增大	地脚螺栓松动	紧固螺栓
	泵抽空	调整工艺
（4）密封处泄漏严重	泵轴与原动机轴对中不良或轴弯曲	重新校正
	轴承或密封环磨损严重，形成转子偏心	更换并校正轴线
	机械密封损坏或安装不当	检查更换
	密封液压力不当	比密封腔前压力大 0.05～0.15MPa
	填料过松	重新调整
	操作波动大	稳定操作
（5）轴承温度过高	转动部分平衡破坏	检查消除
	轴承箱内油过少或太脏	按规定添加油或更换油
	轴承和密封环磨损严重，形成转子偏心	更换并重新校正轴线
	润滑油变质	更换润滑油
	轴承冷却效果不好	检查调整

（二）机械密封泄漏原因及处理方法

机械密封泄漏原因及处理方法见表2-3。

表2-3　机械密封泄漏原因及处理方法

故障现象	故障原因	处理方法
（1）机械密封发生振动、发热、发烟、泄出、磨损	端面宽度过大	减小端面宽度
	端面比压太大	降低端面比压
	动静环面粗糙	提高端面光洁度
	摩擦副配对不当	更换静环，合理配对
	冷却效果不好、润滑恶化	加强冷却措施，改善润滑条件
	端面耐腐蚀、耐用高温不良	更换耐腐蚀、耐用高温的动环

故障现象	故障原因	处理方法
（2）间歇性泄漏	转子轴向窜动量太大，动环来不及补偿位移	调整轴向窜动量
	泵本身操作不平稳，压力变动	稳定泵的操作压力
（3）经常性泄漏	泵轴振动严重	停车检修，解决轴和窜动量问题
	密封定位不准，摩擦副未贴紧	调整定位
	摩擦表面损伤或摩擦面不平	更换或研磨摩擦面
	密封圈与动环未贴紧	检查或更换密封圈
	弹簧力不够或弹簧力偏心	调整或更换弹簧
	端盖固定不正，产生偏移	调整端盖紧固螺钉与轴垂直
	双端面密封液压力太小；动静环贴合不紧，比压小	调整油封压力，一般超过介质压力 50～150kPa
（4）严重泄漏	摩擦副损坏、断裂	检查更换动、静环
	固定环发生转动	更换密封圈，固定静环
	动环不能沿轴向浮动	检查弹簧力和止推环是否卡住
	弹簧断裂	更换弹簧
	防转销断掉或失去作用	更换防转销
	泵强烈抽空	操作时防止抽空
（5）停泵后重新启动时泄漏	摩擦面有结焦或水垢	清洗密封件
	弹簧间有结晶或固体颗粒	
	动环或止推环卡住	
（6）摩擦副表面磨损过快	弹簧力过大，端面比压过大	更换弹簧
	密封介质不清洁	加过滤器
	弹簧压缩量过大	调整弹簧

（三）软填料密封的故障及处理方法

软填料密封的故障及处理方法见表2-4。

表2-4 软填料密封的故障及处理方法

故障现象	故障原因	处理方法
（1）填料挤进轴和挡套或轴和压盖之间的间隙中	设计的间隙过大，或者轴与其轴承不同心度大	减小间隙，检查轴与轴承的同心度
（2）填料圈挤入邻近的圈中	填料圈切割得太小	用正确切割的填料圈重新填装
（3）沿填料压盖泄漏	填料圈装得不适当，填料挡套有损坏	先检查挡套情况，再仔细重装
（4）填料外表损伤，可能沿压盖外侧泄漏	填料外径太小而随轴传动	检查壳体和填料尺寸
（5）靠近压盖一端的填料压得太紧	填料装得不适当	仔细重装
（6）填料孔焦化或变黑，轴的材料可能黏在填料上	润滑失效	更换带有更适当润滑剂的填料，或装入能补给润滑剂的填料
（7）轴沿其长度上严重磨损	润滑失效液体中有沙尘	更换带有适当润滑剂的填料，或装入能补给润滑剂的填料，用清洁液体冲洗填料室
（8）泄漏过大	填料膨胀或损坏；填料切割得太短，装配错误；润滑剂被洗掉、轴偏心	更换抵抗密封液体作用的填料，检查轴的振摆，检查支座情况，填料容易发热时应有效冷却

第七节　离心泵的维护与检修

一、离心泵的检查维护

离心泵检查维护类别与主要内容见表 2-5，各项检查都应认真做好记录，为检修提供必要的技术资料。

表 2-5　离心泵检查维护类别与主要内容

检查类别	检查维护主要内容
(1)日常检查	①每次操作中，均应检查泵的振动、噪声是否正常 ②泵的泄漏情况 ③泵压力表指示值 ④检查电源电压、电流是否正常 ⑤检查接地是否完好 ⑥手动盘车灵活，联轴器防护罩完好
(2)每月检查	①检查轴承温度、吸排压力、渗漏、输入功率、润滑、振动和噪声 ②用温度计测定轴承温度 ③检查泵与电动机的连接情况
(3)每季检查	①轴承盒里的润滑油，如变质应全部换掉 ②检查润滑脂，如变质应更换 ③检查滑动轴承间隙 ④检查清理过滤器
(4)每年检查	①包括季检内容 ②检查转动部分的磨损情况及间隙 ③检查校验一次真空表及压力表 ④检查泵壳内部的腐蚀状况 ⑤检查进出口阀门及止回阀 ⑥进行压盖、填料及轴套的检查，必要时进行更换

二、离心泵检修内容及质量要求

（一）检修周期与内容

离心泵检修周期与内容，见表2-6。

表2-6　　离心泵检修周期与内容

检修类别	小　修	大　修
（1）检修周期	2000～2900h	8500～12000h
（2）检修内容	①检查密封情况 ②检查轴承，调整轴承间隙 ③检查联轴器及对中 ④处理在运行中出现的问题 ⑤检查冷却水、封油和润滑等系统 ⑥检查泵体、基础、地脚螺栓	①包括小修项目 ②检查各零部件磨损、腐蚀和冲蚀 ③检查转子，必要时做动平衡校验 ④检查并校正轴的直线度 ⑤测量并调整转子的轴向窜动量 ⑥必要时调整垫铁和泵体水平度

（二）检修质量要求

（1）主轴部分

①轴颈的锥度与椭圆度不得大于轴径的1/2000，但最大不得超0.05mm，表面不得有伤痕，要求光洁度$\overset{0.8}{\bigtriangledown}$。

②轴弯曲超过允许值可采用机械法或加热法矫直。轴的允许弯曲值见表2-7。

表2-7　　轴的允许弯曲值

部位	轴颈处	轴中部（1500r/min）	轴尾部（3000r/min）
允许值/mm	≯0.02	≯0.10	≯0.08

③键与键槽应接合紧密，不许加垫片，键与轴的键槽配合紧力见表2-8。

表 2-8　键与键槽的紧密度

轴径/mm	40 ~ 70	70 ~ 110	110 ~ 230
配合紧力/mm	0.009 ~ 0.012	0.011 ~ 0.015	0.012 ~ 0.017

（2）转子部分

①转子的晃动度不得超过表 2-9 规定。

表 2-9　转子的晃动度

部位	径向晃动量				轴向晃动量
	轴颈	轴套	口环	叶轮	平衡盘
晃动量/mm	≤0.02	≤0.05	0.08 ~ 0.12	<0.25	<0.03

②轴套。

（a）轴套与轴不能采用同一种材料，特别不能采用同一种不锈钢。

（b）机械密封轴套在不腐蚀介质中，可选用 25 号钢表面镀铬，填料密封轴套表面应堆焊硬质合金，硬度为 Rc50 ~ 60。

（c）轴套端面对轴线的不垂直度不得大于 0.01mm。

（d）轴套与轴的接触面光洁度应不低于 $\frac{1.6}{\sqrt{}}$，采用 H7/h6 配合。

（e）平衡盘与轴采用 H7/js6 配合。

③叶轮。

（a）叶轮在轴上的配合一般采用 H7/js6。

（b）新装叶轮应找静平衡，必要时找动平衡。找静平衡时在叶轮外径上允许的剩余的不平衡重，在每分钟 3000 转工作的叶轮上不得大于表 2-10 规定。

表 2-10　叶轮静平衡的允许极限值

叶轮外径 D_2/mm	叶轮最大直径上的静平衡允许差极限/g
200	3
201 ~ 300	5

叶轮外径 D_2/mm	叶轮最大直径上的静平衡允差极限/g
301～400	8
401～500	10
501～700	15
701～900	20

（c）叶轮应用去重法进行平衡，但切去的厚度不得大于壁厚的 1/3。

（d）叶轮应无砂眼、穿孔、裂纹或因冲蚀壁厚严重减薄。

（e）叶轮与轴的配合，键顶部应有 0.1～0.4mm 间隙。

④转子与定子总装后，首先测定转子总轴向窜量，转子定中心时应取总窜量的一半。

（3）轴承部分

①滑动轴承

（a）轴瓦、轴承盖的紧力应为 0.2～0.04mm，下瓦背与瓦底座接触应均匀，接触面积达 60% 以上，瓦背不许加垫。

（b）轴颈与下瓦的接触角度为 60°～90°，接触面积应均匀，色斑每平方厘米不得少于 2～3 点。

（c）轴瓦顶部间隙应符合表 2-11 规定。

表 2-11　活动轴承的轴与轴瓦的间隙

轴颈/mm	间隙/mm	
	1500r/min 以下	1500rmin 以上
30～50	0.075～0.160	0.17～0.34
50～80	0.095～0.195	0.20～0.40
80～120	0.120～0.235	0.23～0.46
120～180	0.150～0.285	0.26～0.53
180～200	0.180～0.330	0.30～0.60

（d）钨金层与瓦表面应结合良好，不得有裂纹、砂眼、脱皮、夹渣等缺陷，钨金瓦一般采用 SnSb11-6。

②滚动轴承

（a）内座圈与轴的配合见表2-12所示。

表2-12　内座圈与轴的配合　　　　　mm

轴径	配合盈量	轴径	配合盈量
18~30	0.002~0.027	80~120	0.003~0.046
30~50	0.003~0.032	120~180	0.004~0.055
50~80	0.003~0.038		

（b）外座圈与轴承座的配合见表2-13所示。

表2-13　外座圈与轴承座的配合　　　　　mm

轴径	配合盈量	轴径	配合盈量
30~50	+0.029~-0.008	120~150	+0.045~-0.014
50~80	+0.033~-0.010	150~180	+0.052~-0.014
80~120	+0.038~-0.012		

注：（+）表示间隙，（-）表示盈量。

（c）滚珠、滚柱轴承内的间隙见表2-14所示。

表2-14　滚珠、滚柱轴承内的间隙　　　　　mm

轴承直径	径向间隙		
	新滚珠轴承	新滚柱轴承	最大允许可磨量
20~30	0.01~0.02	0.03~0.05	0.1
35~50	0.01~0.02	0.03~0.07	0.2
55~80	0.01~0.02	0.06~0.08	0.2
85~120	0.02~0.03	0.08~0.10	0.3
130~150	0.02~0.04	0.19~0.12	0.3

（d）凡轴向止推采用滚动轴承的泵，其滚动轴承外圈不应压死，一般应留有0.02~0.06mm间隙。

（e）滚动轴承拆装时，应使用专用工具；如有条件最好采用热装，加热的油温为100℃左右，严禁直接用火焰加热。

（f）滚动轴承的滚子与滑道表面应无腐蚀、坑疤、斑点，接触平滑无杂音。

（4）密封装置

①压盖

（a）压盖与轴套的直径间隙一般为 0.75~1.00mm。

（b）机械密封的压盖与垫片接触的平面对轴中心线的不垂直度≯0.02mm。

（c）压盖与填料箱内壁的直径间隙一般为 0.15~0.20mm。

（d）机械密封压盖和填料箱之间的垫片厚度应保持在 1~3mm。

（e）压盖中静环防转槽根部与防转销，应保持有 1~2mm 间隙，以防压不紧密封圈和憋劲。

②填料环

（a）填料环与轴套的直径间隙一般为 1~1.5mm。

（b）填料环与填料箱的直径间隙为 0.15~0.20mm。

③填料底套与轴套的直径间隙一般为 0.70~1.00mm。

④平衡套与轴套的直径间隙一般为 0.5~1.2mm。

⑤壳体口环与叶轮口环、中间托瓦与中间轴套的直径间隙见表 2-15。

表 2-15 轴套的直径间隙   mm

口环直径	壳体口环与叶轮口环		中间托瓦与中间轴套	
	标准间隙	更新间隙	标准间隙	更新间隙
<100	0.40~0.60	1.00	0.30~0.40	0.80
≥100	0.60~0.70	1.20	0.40~0.50	0.90

（5）联轴器

①联油器与轴配合应采用 H7/js6。

②联轴器两端面轴向间隙一般为 2~6mm。

③安装齿形联轴器应保证外齿在内齿宽的中间部位。

④安装弹性圆柱销联轴器时，其橡胶圈与柱销应为过盈配合

并有一定紧力。橡胶圈与联轴器孔的直径间隙应为1~1.5mm。

⑤联轴器的同心度偏差应符合表2-16规定。

表2-16 同心度偏差　　　　　　　　　　mm

型　式	外　圆	平　面
齿形	0.10	0.08
弹性圆柱销式	0.08	0.06
弹簧片式	0.15	0.10
固定式	0.06	0.04

⑥找同心度时，电动机下边的垫片每组不得超过四块。

（6）基础、地脚螺丝和垫铁

①基础混凝土强度应达80%以上方可装机泵。

②基础上放置垫铁的部位应抹平，靠近地脚螺丝两侧各放置一组垫铁，每组垫铁不得超过三块，总高度一般为35~50mm。找水平后，垫铁应焊接牢靠。为方便灌浆垫铁高度不得小于30mm。

③地脚螺丝长度一般取25~30倍螺栓直径，安装后其不垂直度不应大于总长1/100，螺杆露出螺帽2~3扣。

（7）离心油泵主要零件材料。以Y型油泵为例说明离心泵主要零件的材料，见表2-17。

表2-17 Y型油泵主要零件材料

材料代号 材料 零件名称	Ⅰ	Ⅱ	Ⅲ	备注
泵体	HT20-47	ZG25	ZGCr5Mo	
叶轮	HT20-40	ZG25	ZG1Cr13	
轴	45	35CrMo	3Cr13	
壳体口环	HT25-47	45Cr	3Cr13	
叶轮口环	25	25	Cr5Mo	表面堆焊合金
轴套（软填料）				

材料代号 材料 零件名称	I	II	III	备注
轴套（机械密封）	25	25	3Cr13	I、II表面镀铬
平衡盘	25	25	Cr5Mo	表面焊硬质合金
平衡板	45	40Cr	3Cr13	
泵体螺栓	A3A 或 45	45 或 35CrMo	45 或 35CrMo	
材料适用范围	−20 ～ +200℃， 不耐硫腐蚀	−45 ～ +400℃， 不耐硫腐蚀	−45 ～ +400℃， 耐中等硫腐蚀	

注：（1）当温度较高时，泵体螺栓应采用表中高一级的材料。

（2）I、II类材料的软填料轴套，中轮密封环可用45号钢（III类材料用Cr13）表面淬火，其硬度Rc45～52。

（3）上表指国内常用Y型离心油泵材料，其他种型号离心泵此表供参考。

（8）检修中注意事项

①拆卸油泵前，先关闭所有出入口阀门，放空泵内压力，并切断电源。

②刮瓦前应先测好转子与泵体的同心度。

③安装联轴器前，应先测定原动机与泵的转向是否一致。

④安全罩、电动机接地线应齐全，压力表应定期核验。

三、离心泵的拆卸

离心泵的拆装方法和程序的正确与否，对于检修工作的顺利进行、提高劳动效率、缩短工期、保证检修质量有着重要的作用。而离心泵由于型式不同，结构也不完全相同，因此在拆卸之前，应先熟悉泵的构造，了解各部件的装配关系，掌握拆卸程序，放尽泵内残油品，用润滑油润滑的轴承将润滑油放出，然后按步骤拆卸。

（一）单级泵的拆卸程序

（1）BA型离心泵的拆卸程序。BA型离心泵的结构见本章中的图 2-2 和图 2-3，其拆卸程序是：

①测量联轴器的对中情况，找出对轮的标志。

②拆下泵地脚螺钉的螺帽，将泵沿着轴向移出（对弹性柱销联轴器或爪形联轴器）。

③用拉器将联轴器拉下。

④松泵盖螺栓，卸下泵盖。

⑤用专用工具拧下叶轮锁紧螺帽（沿叶轮旋转方向），拆下叶轮。

⑥松开填料压盖，卸下蜗壳泵体。

⑦取出填料压盖，用钩子取出填料。

⑧对于 BA 甲型泵，拧下联轴器螺帽，拆下联轴器，然后拧下托架螺丝。取下联轴器方向的托架盖后，从泵体方向取出泵轴，再沿轴向敲击轴承挡圈，从联轴器端卸下轴承、挡圈和轴承压盖。

⑨对于 BA 乙型泵，可以在卸下轴承托架盖后，把泵轴连同球轴承向联轴器方向拉出来，再拆下联轴器，也可以先拆联轴器之后再取出泵轴。最后用专用工具拆下轴承、定位套。

（2）Sh 甲型离心泵的拆卸程序。Sh 甲型离心泵的结构见本章中的图 2-4，其拆卸程序是：

①在对轮上做好标记，并测量对轮的同心度和轴向间隙，作好记录。

②拆卸对轮螺栓。

③松开填料压盖螺栓（或机械密封静环部分）。

④拆卸泵体连接螺栓。

⑤吊下泵体上盖。

⑥卸掉前后轴承体压盖。

⑦吊泵转子，放在专用支架上。

⑧用专用工具拆下联轴器。

⑨用钩扳手拆卸轴承固定螺母，用拆卸轴承的专用工具取下轴承。

⑩对装有机械密封的，将机械密封拆下。

⑪取下前、后密封环。

⑫拆卸轴套。

⑬拆卸叶轮。

（3）Y型油泵的拆卸程序。Y型油泵的结构见本章中的图2-9，以65Y-60泵为例说明其拆卸程序。

①拆除对轮安全罩的地脚螺钉，卸下安全罩。

②将泵体附属的冷却水管、油封管等管线全部拆下。

③在对轮与短接上分别打了标记。

④松开轴封压盖螺栓（对机械密封）。

⑤拆卸对轮螺栓，卸下短接。

⑥松泵盖螺栓，用泵盖两边顶丝将泵盖顶出，连同转子抽出。

⑦用专用工具拆卸叶轮锁紧螺帽，用拉器卸下叶轮。

⑧松托架固定螺栓，用顶丝将轴承架顶出。

⑨拆下机械密封装置，取出压盖。

⑩用拉器拉下联轴器。

⑪松动挡水环螺栓，卸下轴承压盖。

⑫用钩扳手拆下轴承固定螺母。

⑬垫上木块用铜榔头敲击叶轮方向的轴端，沿轴线从联轴器方向取出泵轴。

⑭用专用工具拆卸轴承。

（二）多级离心泵的拆卸程序

多级离心泵的轴套往往锈死在轴上，不了解其结构就难以拆卸，且易损坏。

（1）油库常用多级离心泵轴套的结构形式

①排出端轴套。多级泵的排出端轴套主要有下列几种结构型式。

（a）有锁紧螺帽和键槽的轴套见图2-18。这种轴套通常分为两段，紧靠平衡盘的一段轴套内有键槽，另一段为锁紧螺帽。

拆卸时，先拧下锁紧螺帽，再拿出轴套。如轴套锈死在轴上，不能用力拧动轴套，以防损坏轴套的键槽。DA 型泵的排出端轴套属于这种类型。

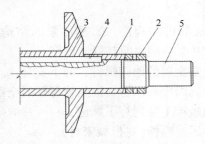

图 2-18 有锁紧螺帽和键槽的轴套

1—带键槽的轴套；2—锁紧螺帽；3—平衡盘；4—键；5—轴

（b）螺纹紧固的轴套见图 2-19。这种轴套与轴是用螺纹连接紧固的，旋紧后即压紧平衡盘。为便于用跨径板手拆卸，这种轴套在外端通常有四个孔眼。TSW 型泵的轴套属于这种类型。

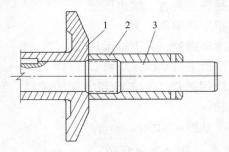

图 2-19 螺纹紧固的轴套

1—泵轴；2—螺纹紧固的轴套；3—平衡盘

（c）用轴承锁紧螺帽锁紧的轴套。轴套的一端紧挨平衡盘，另一端紧挨滚动轴承，滚动轴承再用圆螺母锁紧。D 型泵的轴套属于这种类型。

②吸入端轴套。油库常用的几种多级离心泵，吸入端轴套主要有下列几种结构型式。

（a）靠轴肩带健槽的轴套，见图2-20。这种轴套一端靠轴肩，另一端靠叶轮。轴套与轴间有键槽。叶轮和轴套只能从排出端方向拆卸。拆卸前轴套时，必须先卸下键。DA型泵的前轴套属于这种类型。

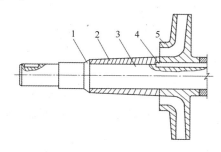

图2-20　靠轴肩带键槽的轴套
1—轴肩；2—带键槽轴套；3—泵轴；4—键；5—叶轮

（b）用轴承锁紧螺母锁紧的轴套。从传动方向看，轴套的后端紧靠第一级叶轮。轴套前端紧靠滚动轴承。轴承前面用轴套螺母锁紧。轴套与轴是用键连接。这种轴套，叶轮从排出端或吸入端方向取出均可。TSW型泵和D型泵的前轴套属于这种结构型式。

③螺纹旋转方向。在泵的拆卸过程中，对螺纹紧固的轴套，轴套锁紧螺母及叶轮锁紧螺母等应注意螺纹的方向。这些螺纹的旋紧方向一般与泵轴的旋转方向相反。

④拆卸方法。在拆卸过程中，遇到零件之间锈死时，先用煤油浸泡。如仍拆卸不下时还可采用加热法。由于轴套与轴的膨胀情况不同而使轴套易于拆卸。

⑤拆卸下来零件摆放。拆卸下来的零件应当按拆卸次序依次放好，尤其是多级泵的叶轮、叶轮挡套、中段等，要严格按照原来次序装配，不能换错。否则会造成叶轮与密封环间的间隙过大或过小，出现泵体漏油等现象。

（2）DA型多级离心泵的拆卸程序（用滑动轴承支承）。DA型多级离心泵的结构见本章中的图2-5。多级离心泵的拆卸一般是从排出端开始逐步向吸入端方向拆卸，其拆卸程序是：

①在对轮上做好标记，并测量对轮的同心度和轴向间隙，作好记录。

②松开泵体地脚螺栓，沿轴向移出泵体。

③拆下回水管和油（液）封管。

④松开轴承架螺丝，将轴承连同前、后轴承架沿轴的方向取出。

⑤拆了填料压盖，取出填料。

⑥松开平衡室盖的连接螺丝，取下平衡室盖。

⑦松开轴套螺母取出轴套后，拆下平衡盘。如平衡盘锈死，也可和排出壳一起卸下。

⑧松开泵体拉紧螺栓的螺母，卸下排出壳。

⑨取出叶轮，依次卸下中段和其他零件。

⑩多级泵的泵轴较长，当拆下几个中段之后，泵轴即处于悬臂状态，应予以支撑，防止泵轴弯曲变形。

⑪拆卸下来的零件应按次序放好。

（3）TSW 型离心泵的拆卸程序。TSW 型离心泵的结构见本章中的图 2-8，其拆卸程序是：

①拆下回水管（平衡管）。

②卸下后轴承盖，用专用工具卸下后轴承锁紧螺母。

③松开轴承架螺钉，用顶丝连同轴承一起顶出后轴承架。

④松开填料压盖，取出填料。

⑤卸下平衡室盖，用专用工具卸下后轴套。

⑥卸下泵体拉紧螺栓，连同平衡盘一起卸下排出壳。

⑦卸下末级叶轮，依次卸下中段和前级叶轮等其他零件。

⑧用拉器卸下联轴器，卸下前轴承盖。

⑨用专用工具卸下轴套螺母，松开托架螺钉，用顶丝连同前轴承一起顶出。

⑩沿轴向取出泵轴。

⑪卸下键。

⑫从排出端卸下前轴套。

离心泵的结构不同，其拆卸方法和程序也不尽一致，在此不再赘述。

四、离心泵各部件的检查与修理

(一)离心泵各部件的清洗和检查

(1)部件的清洗与质量类型。离心泵拆卸后，对零件应进行清洗。清洗的重点是清除叶轮内外表面、口环、轴承等处积存的油垢和铁锈；清除泵壳、中段各接合面上的油垢和铁锈，疏通填料筒的油(液)封管(有的铸造在壳体上)；用煤油清洗零件(滚动轴承应用汽油清洗)后，不能立即进行装配，应对零件的结合面涂上防护油。

零件清洗后，即应进行检查和测量，按检查质量可分成三大类。

①合格零件。这类零件的磨损程度是在允许的范围以内，可以不用修理继续使用。

②需要修理的零件。这类零件的磨损比规定的磨损程度要大，但只要经过修理，仍可继续使用。

③不合格的零件。这些零件磨损是不能消除的，或者修复的价值过大，不如新换经济。

(2)部件的检测。检测常用的方法有三种，即目察、敲击和用量具进行测量。

①目察检查。零件的一些显著缺陷，如裂纹、刻痕、擦伤、毛刺、秃扣，崩落、断裂及残存变形等，用眼睛观察即可检查出来。

②敲击检查。细小的裂纹用手锤轻轻敲打，如果声音不清脆，就是有裂纹的迹象，可在有裂纹处涂上煤油，将表面煤油擦干后，抹上一层白粉，如有裂纹存在，渗入裂纹中的煤油会透到白粉上，即可显出裂纹。

③量具检测。至于零件的几何精度，如公差尺寸的变化、

轻微的弯曲等，要求精确和可靠的检查时，应利用各种量具和专门的装置来进行检查。

④缺陷原因分析。发现了裂纹，就要研究裂纹是震动撞击压力引起的，还是热胀冷缩造成的。确定了损坏原因，才能正确修复，并能避免今后发生类似的问题。

⑤有时可以从一个零件的磨损情况，判断另一个有关零件的缺陷。例如叶轮尾部或轴套只有一面磨损或磨损比另一面严重时，这种情况多数情况下是由于轴弯曲引起的。

⑥检查各部件的注意事项。

（a）参看有关的资料，如事故和故障记录、运转记录等，或向司泵人员了解使用中的情况，这样对检查修理工作会有很多帮助。

（b）根据过去修理中更换零件的情形，了解到哪些零件需要经常更换，以便设法提高零件的质量或研究改进。

（c）有些零件不能只根据单独零件的检查结果来判断它是否需要修理，而要把有关零件组合起来检查。

（d）在检查时要注意零件的一些不正常损坏情况，并进行分析，这样可以帮助了解上一次检修的缺点，改进这次检修工作。例如多级泵一个叶轮磨损其他完好，这就说明在上次装配时没装好，叶轮的间距不适当等。

（二）密封环检查和修理

泵在运转中，由于自然磨损，油品中含有固体颗粒，叶轮晃动等原因，使离心泵叶轮口环与密封环的径向间隙变大或出现密封环破裂的现象，失去了密封作用，造成大量回流，降低泵的实际流量。

检查密封环是否完好，用测量其径向间隙的方法判断。径向间隙的测量方法如图2-21所示，通常是用游标卡尺或者分厘卡尺测量密封环的内径和叶轮口环的外径，两者之差即为径向间隙（半径方向间隙应取一半）。为了使测量准确，应当测量几个方向后，求平均值，以免密封环失圆，使测得的数据偏大或偏小。

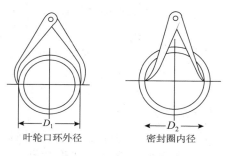

叶轮口环外径　　　　　密封圈内径

图 2-21　径向间隙测量方法

当径向间隙超过表 2-15 中所规定的值时，在油库中一般采用换件修理。口环一般可用灰铸铁 HTZI-40 或锡青铜制成。对于挂有钨金的铜口环，当间隙磨大时，只需重新挂钨金，无需更换新口环。当原有钨金无脱落现象，磨损量又不大时，可用补焊的方法修复。补焊步骤是：

①刷去口环上的污物。

②用 5% 的盐酸清洗一遍。

③放到温度为 90℃、浓度 10% 的烧碱中浸洗 10min，然后取出放到 90℃ 的清水中清洗。

④补焊钨金方法是把口环预热到 100℃ 左右，用气焊熔掉口环上原有的钨金，然后用与原有钨金同牌号的钨金制成的焊条，顺着口环周围或纵长方向一道道堆焊上去(不得反复重焊)。焊接完毕后，可进行机械加工，达到所要求的标准尺寸，如图 2-22 所示。

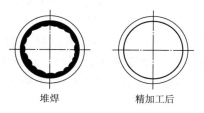

堆焊　　　　　　精加工后

图 2-22　口环间隙过大的修理方法

如钨金磨损很大或钨金已脱落，则要重浇钨金。

新口环装上后，应检查它与叶轮的径向间隙是否符合要求。同时要检查两者间有无摩擦现象。检查方法是在叶轮口部外圆上涂上红铅粉，然后转动转子，如口环上沾有红铅粉，则必须返修。

（三）叶轮的更新与修理

离心泵在长期使用中，因液体的腐蚀和冲蚀，使叶轮表面出现裂纹，或有较多的破眼、穿孔，严重时可使叶轮壁厚减薄，造成离心泵不能进行工作。

（1）叶轮更新。有下列情况之一者应更新。

①叶轮表面出现裂纹。

②叶轮表面因腐蚀、冲蚀和汽蚀而形成较多的孔眼。

③因冲刷而造成叶轮盖板及叶片等变薄，影响了机械强度。

④叶轮口环处发生较严重的偏磨现象而无修复价值者。

（2）叶轮的修理。

①叶轮腐蚀如不严重或砂眼不多时，可以用补焊的方法修复。铜叶轮用黄铜补焊，铁制叶轮亦可用黄铜补焊。

补焊时把焊件加热到 600℃ 左右，在补焊处挂锡，再用气焊火焰把黄铜棒熔到砂眼里。焊件厚度约 14～20mm 时用 6 号焊嘴，20～30mm 时用 7 号焊嘴。焊完后移去热源，用石棉盖好保温，使其缓慢冷却，以免产生裂纹。冷却后，进行机械加工。

②如果叶轮入口处磨损沟痕或偏磨现象不严重，则可用砂布打磨，在厚度允许情况下亦可车光。

③新叶轮或修复的叶轮由于铸造或加工时可能产生偏重，影响泵的正常运转，甚至造成轴的损坏，因此必须进行平衡试验，以消除或减少偏重现象。叶轮的静平衡方法是用去重法，其试验装置如图 2-23 所示。

叶轮配重所用铁片的厚度选择比轮壁薄 3mm，外形加工成与轮缘同心的圆弧环状、长度不等的铁片（数量根据需要确定），如图 2-24 所示。铁片的材料应与叶轮相同或者相对密度相等。

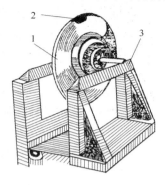

图 2-23　叶轮的静平衡试验
1—叶轮；2—用夹子夹着的薄片；
3—平衡架的刀口

图 2-24　薄铁片的形状

　　然后在叶轮较重的一面按铁片形状划好，再将叶轮放到铣床上，按照划线形状铣削掉与较轻那一面所夹物体等重的铁屑。但在叶轮板上铣去的厚度不得超过叶轮盖板厚度的 1/3，允许在前后两板上切去，切削部分痕迹应与盖板圆盘平滑过渡。

　　对多级泵的每个新叶轮或修复的叶轮均应单独作静平衡试验，并修整叶轮的进口及出口处，铲除毛刺及清扫流道。一般离心泵叶轮的静平衡允差见表 4-6 规定。

　　（四）平衡盘装置磨损分析与修理

　　（1）平衡盘装置如本章中的图 2-6 所示。

　　（2）磨损分析和间隙要求。检查平衡盘装置时，主要应看平衡盘与平衡环的接触面是否相互平行，接触面之间是否有凹凸不平之处。若偏斜或接触不良，平衡盘与平衡环之间互相摩擦，使磨损加剧甚至损坏。另一方面高压液体较多地泄进平衡室，不能保持平衡轴向力所需的较低的压力，达不到平衡轴向力的效果。

　　平衡盘与平衡环之间磨损主要是安装不当、制造不良或轴弯曲所造成。正常工作时，间隙一般为 0.1～0.25mm，当平衡盘歪斜或径向产生偏差时，平衡盘与平衡环之间产生楔形间隙，平衡轴向推力所需要的力无法产生而直接摩擦，使磨损加速。因此，规定环的偏斜量一般不应超过0.2mm。

当平衡环的磨损不大时，可以不加修理而继续使用，仅需调整平衡盘轮毂与末级叶轮轮毂之间垫片的厚度。

平衡环一般用沉头螺钉固定，螺钉的头应低于平衡环的平面数毫米。当平衡环的磨损程度要触及螺钉头时，应更换平衡环。

更换时，环表面应光洁平整，与平衡盘或泵排出段的接触应很严密。

环与盘的材料应当用不同硬度的材料制成，以防发生咬死现象。通常使用的材料有青铜、碳钢、铸铁。在早期的旧型号泵中还使用硬度很高的镍青铜和富有弹性的橡胶。

平衡盘的轮毂和平衡套之间间隙过小时，末级叶轮流入平衡室内的液体量小影响平衡盘的作用；过大时，回流液体量增多，既影响泵的效率又可能增加平衡室内的压力，使平衡装置工作不正常，且容易磨损。这个间隙应在0.5~1.0mm以内。

（3）磨损后的修理方法

①平衡盘与平衡环磨损成凹凸不平时，可在研磨平板上涂上红铅粉，然后把不平的面在其上推动，沾有红铅粉处即是要修刮的地方。最后将平衡环与平衡盘装在泵上进行配研，使其表面平整，直到圆周都能均匀接触为止。

②平衡环、平衡盘及均衡套等。磨损较严重，而又无修复价值者，应更换新的。推荐制造上述各零件所用材料是：平衡环用耐磨铸铁NT24-44；平衡环用HT32-52或镍铅青铜。

检修中还应注意平衡管是否堵塞，如果堵塞应使之畅通。

（五）泵轴检测与矫直

轴是离心泵的一个重要零件，它不但支承所有套装在轴上的零件，并且通过轴传递扭矩，同时它又通过轴承与轴承体将前后段连接起来。所有这些套装零件都绕着轴的几何中心做回转运动。

泵轴所用材料一般不低于 35 号钢，大多用 35 号、45 号或 40Cr 等钢材。

泵轴因长期使用、拆装不当、搬运中的碰撞等而发生弯曲，特别是细而长的轴极易产生弯曲。轴弯曲了，使各部零件迅速磨损，油泵不能正常工作。因此，轴在拆下后应进行检查。

（1）外观检查与更换。泵拆卸后，对轴表面应进行外观检查。检查是否有沟痕，两轴颈表面是否有摔伤、碰痕。一般情况下不需特意加以修整，只用细砂布略为打光即可。当轴表面有冲蚀时应专门修整。经检查后，若发现有下列情况之一者，应更换新轴。

①轴表面发现裂纹，裂纹会在交变载荷下不断发展，这样有效截面积就不断减少，如不更换会导致断轴事故。

②轴表面有被高速液流冲刷的沟痕，尤其是在键槽处。

③轴弯曲很大，经多次校直，运行以后仍发现弯曲的。

（2）泵轴的弯曲度测量

①支承。将轴装在车床上测量弯曲最为方便，精度也可满足要求。如采用轴承或 V 形铁作为支承架，应保证支架本身的水平度，要求允许偏差小于 0. 02/1000mm。如两端轴径不同时，采用加套的方法使泵轴保持水平。

②测量步骤

（a）清洗干净泵轴。

（b）确定轴向测量点，一般取轴承、叶轮、机械密封等重要部位。

（c）将轴的圆断面划成八等分，见图 2-25。

（d）用百分表测量第一点的圆断面上八等分各个晃动值，并逐点测量。

（e）计算各点的弯曲度，即对称180°方向上的晃动数差值的一半。弯曲度 =（最大读数 - 最小读数）÷ 2。

（f）分析最大弯曲部位与方位。弯曲度的方向，如图 2-25

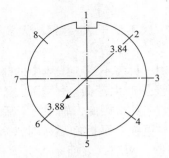

图 2-25　泵轴靠对轮端面记号

所示剖面 2-6 方向的晃动度为：$3.88 - 3.84 = 0.04\text{mm}$，其弯曲方向如箭头所示。

（g）在检查弯曲度前，先测轴的椭圆度及锥度，前面测得的弯曲度值应减去此值。

（3）泵轴的矫直方法。泵轴的矫直方法分为冷矫直法和热矫直法两类。

①冷矫直法有四种方法。

（a）利用手摇螺旋压力机矫直。轴径较细及弯曲较大时，可采用此法。首先将轴放在三角缺口块内架住，或放在机床上利用顶尖顶住轴的两端，然后将轴弯曲的凸面顶点朝上。利用螺旋压力机压住凸起顶点，向下顶压，直至泵轴矫直为止，如图 2-26 所示。

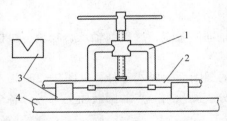

图 2-26　手摇螺旋压力机矫直轴
1—手摇螺旋压力；2—轴；3—三角缺口块；4—平台

（b）用捻棒敲打矫直轴。轴径较大及弯曲较小，可采用此法校轴。这种方法是利用捻棒在冷态下敲打轴的弯曲凹面，使轴在此处表面延伸而矫直，如图2-27所示。捻棒由硬度较高的钢材制成，捻棒的一端应按轴直径严格地捻研，边缘必须具有圆角。

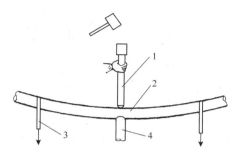

图2-27　捻棒敲打矫直轴
1—捻棒；2—轴；3—拉紧装置；4—支承

在矫直轴时，将轴的凹面朝上，并在最大弯曲的凸面顶点支持住；在两端用拉紧装置向下压；利用1～2kg重锤子敲打捻棒，敲打轴的凹面使其受力而延伸。敲打时，先自最低凹向中央进行敲打，然后逐渐移向两侧，并沿圆周1/3的弧面上进行，但越往中央敲打密度应当越大。

轴的矫直量与敲打次数通常成正比。最初敲打时，轴矫直较快，以后较慢。敲打时应注意掌握捻棒，勿损伤轴的表面。

（c）用螺旋千斤顶矫直。当轴的弯曲量不大时（为轴长的1%以下），可以在冷态下用螺旋千斤顶矫直，见图2-28。在矫直时，考虑到轴的回弹，应矫过一些，才能保证矫直后的轴比较正直。这种方法的精度可达到0.05～0.15mm/M。

（d）用钢丝绳矫直轴。这种方法如图2-29所示。

②热矫直法有三种。

（a）局部加热法。将轴弯曲凸面朝上，在周围用石棉布包扎，用喷灯或气焊急热。加热温度比材料临界温度低100℃左右，如 45 号钢的轴，加热温度约 600℃。加热温度可用测温蜡笔来判断温度。急热后，由于金属产生塑性变形，使其表面长度缩短，在冷却后虽有所拉伸，但已不能恢复原始状态，从而造成与原始弯曲方向相反的反弯曲，使凸面平坦而达到矫直的目的。如在凹面加温助其热伸长，则效果更好。

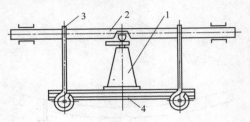

图 2-28　螺旋千斤顶矫直轴

1—千斤顶；2—轴；3—弯钩；4—工字钢轨

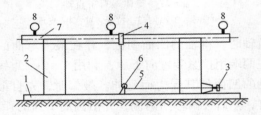

图 2-29　钢丝绳拉矫直轴

1—底座；2—支座；3—拉紧螺丝；4—套环；
5—钢丝绳；6—滑轮；7—轴；8—千分表

加热时应均速、等距(距轴面 20mm 左右)，先从中心向外旋出，再由外向中心旋入，以保持温度均匀。

加热面积与形状，用轴向开口(轴向长而径向短)方法加热，使径向方位加热温度均匀，轴不易产生扭曲；用径向开口(径向长而轴向短)方法加热，矫直轴的效果显著；加热面积的具体尺寸参考图 2-30。

热弯曲值选定时，如以加热状态下测定的反向弯曲值为 Y_1，冷却后(回弹后)弯曲值为 Y_2，用 Y_2/Y_1 值判断矫直轴的效果，根据经验轴向开口时，$Y_2/Y_1 = 0.1 \sim 0.15$；径向开口时，$Y_2/Y_1 = 0.15 \sim 0.2$。

热矫直的具体操作如图 2-31 所示。

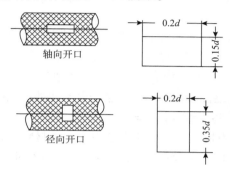

图 2-30　加热开口形状

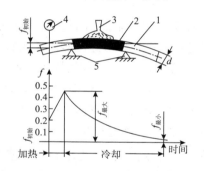

图 2-31　轴的热矫直
1—轴；2—包扎石棉被；3—加热焊炬；4—千分表；5—支座

矫直时，先将轴平放在两支座上，使弯曲部分凸面向上，并在轴的最大弯曲处用温石棉布包扎。石棉布轴向开口 $0.15d \times 0.2d$ 或径向开口 $0.3d \times 0.2d$（d 为轴的直径）的长方形口，然后在开口处用氧乙炔火焰加热 $3 \sim 5$min（采用强力焊炬，并且使氧气压力增至 $4 \sim 5$ 大气压），温度达到 $500 \sim 600$℃后，用干燥的石棉布覆盖受热处，保温 $10 \sim 15$min，最后用压缩空气吹，使之迅速冷却。轴的弯曲变化情况可由千分表示出。一次未能矫直可以重复进行。矫直后，轴应在加热处进行低温退火，将轴转动并缓慢地加热至 300～350℃，在此温度下保持 1h 以上，然后用石棉布包扎加热处使它缓慢地冷却到 50～70℃，这样就可以消除内应力。

轴在矫直过程中的弯曲挠度的变化情况如图 2-31 所示。未加热时，轴端的弯曲挠度为 $f_{初始}$。加热时，轴端的弯曲挠度逐渐增大到 $f_{最大}$，这是由于凸部加热后金属膨胀所致。冷却后，轴端的弯曲挠度就逐渐减小到 $f_{最小}$，这是由于凹部迅速冷却金属纤维缩短的结果。最理想时 $f_{最小}=0$。

（b）内应力松弛法。其原理是因为金属材料有松弛特性，即零件在高温下应力下降的同时，零件的弹性变形量减少而塑性变形量的比重增加，这时若加上一定方向的载荷，便可控制它的变形方向与大小。当解除载荷后，由于它以塑性变形为主，所以回弹很少，从而达到矫轴的目的。加热的工具多用感应线圈。矫轴后也应进行退火处理。此法多用于大直径轴。

（c）机械加热矫直轴法。预先将轴固定，凸面朝上，用外加载荷将弯曲轴向下压，在凸面造成压缩应力，再在凹面处加热，亦可矫直轴。此法仅适用于弯曲度较小的小轴。

（六）填料密封装置拆修与装配

离心泵的轴向密封装置（也称为填料箱或盘根箱）的结构如图 2-32 所示。它的作用是防止高压液体由泵内漏出或外部空气进入叶轮而影响泵的正常工作。

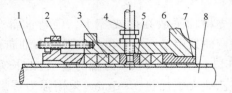

图 2-32　轴向密封装置

1—轴套；2—填料压盖；3—填料；4—液封管；

5—填料环；6—填料函体；7—填料挡套；8—轴

密封装置起密封作用的是填料（盘根），填料使用一定时间后，其弹性和润滑作用就会丧失，如不及时更换就会造成液体外漏和空气进入的现象。因此每次修理时都需要更换填料。有时由于填料质量不好或安装不良而发生严重泄漏时，也需更换。

在安装和修理填料箱时，首先应把它拆开，取出旧填料，清洗各零件，然后再装入新填料，并检查各部间隙。在图2-32中，填料挡套7和轴套1（没有轴套时则指轴）之间的间隙过大时，填料箱内的填料可能被挤出。填料压盖2的外圆表面和填料函体6的内圆表面之间的间隙过大时，压盖容易压偏。填料压盖的内圆表面和轴套（或轴）的外圆表面必须保持同心，其间隙过小时，容易和轴套（或轴）发生摩擦。以上所有的间隙均应严格地符合标准，如不符合，必须进行修整或更换零件。

（1）填料密封装置的拆修

①卸下填料压盖螺母，沿轴向移开填料压盖，用铁丝钩出全部填料及填料环，清洗压盖、填料环，卸下液封管并疏通。

②填料装置的轴套（无轴套时则为轴）磨损较大或出现沟痕时，应更换新零件。若无新轴套，可将轴颈加工后镶套，见图2-33。

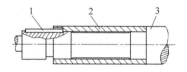

图2-33 轴颈的镶套
1—键；2—镶套；3—轴

③填料压盖、填料挡套、填料环磨损过大时，也应更换新零件，其技术条件如图2-34所示。

④零件材料。各零件的材质，镶套用HT2-40或锡磷青铜；填料压盖用HT18-36；填料环用HT18-36或锡磷青铜；填料挡套用HT15-32。填料可按其断面形状分为各种不同的规格。一般用浸油棉纱或浸油石棉绳制成。

（2）填料的装配。填料的装配质量对于填料筒的密封效果有很大的关系。填料装配中应注意如下几点。

①切割填料时，最好将填料绕在与泵轴（轴套）同直径的圆棒上切割，以保证尺寸的正确，切口平行。切口应整齐，无松散的石棉线头，接口成30°～45°，如图2-35所示。

②压装时，每个填料圈都应涂上润滑脂，并单独压入填料筒内。填料圈的切口应相互错开，一般相邻填料圈的接口应交错120°，如图2-36所示。

③液封环对准液封管。考虑到装上填料压盖后，填料要压缩，液封环可让它往外靠3～5mm。这样，在装上填料压盖后，液封环就可以基本对准液封管。

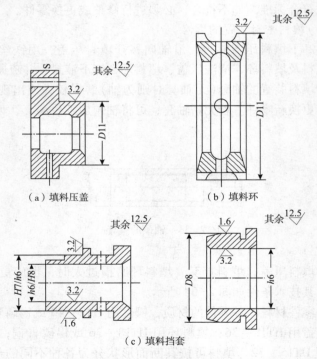

（a）填料压盖　　　　　　（b）填料环

（c）填料挡套

图2-34　密封装置零件图

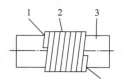 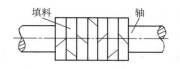

图 2-35　填料的切割　　　　图 2-36　填料的填装

1—切线；2—填料；3—木棒

④装完填料以后，必须均匀地拧紧填料压盖两侧的螺栓，不得使压盖偏斜，并且不应该拧得太紧。因为拧得太紧，填料就会完全丧失弹性，以后就无法调整，而且还可能增加轴套（或轴）和填料的磨损和动力的消耗。

⑤填料压盖压入填料筒的深度，一般为一圈填料的高度，但不能小于5mm。填料压盖的盖板与填料筒体端面间应有一定的距离，以便将填料继续拧紧。

（七）泵体的检修

泵壳体的损伤往往都是因机械应力或热应力的作用而出现裂纹。

（1）检查泵外壳应符合下列规定

①外壳及两端面不得有裂纹。

②多级泵的各级外壳之间的垫子应按原标准装配，不得任意加厚或减薄。其厚度误差不得大于0.02mm。

③泵壳内径与导流器外径之间的间隙及其允许的不同轴度应符合表2-18规定。

表 2-18　泵壳内径与导流器外径间的间隙　　　　mm

导流器直径	180～260	260～360	360～500	500～560	560～630	630～800
间　　隙	0.06～0.19	0.07～0.21	0.09～0.24	0.10～0.28	0.11～0.31	0.12～0.32
不同轴度	0.1	0.2	0.3	0.4	0.5	0.6

④泵外壳内各流道应清洁、畅通。

（2）泵体、泵座裂纹的焊补。泵的轴承支架、排出盖、吸入盖、泵座等部件大多数是铸铁件(也有少数是用低碳钢制作的)，常因搬运碰撞、安装不当、冰裂、超过压力等原因而产生裂纹。产生裂纹时，在不受压力部分可以进行焊补；在受压力较高的部分，虽然也可焊补，但不是十分可靠的办法，最好还是更换新品。铸铁零件的焊补分冷焊和热焊两种。

①冷焊。冷焊只用于既不要很严密的焊缝又不受大力作用的地方，如机座等。焊接之前，应将裂纹末端钻孔，以免裂纹继续扩大；沿着裂纹铲成坡口，以便能够焊透。当铸件的厚度在20mm以下或者不便于两面施焊时，可以铲成V形坡口，如图2-37(a)所示；当铸件的厚度超过20mm以上，又便于两面施焊的地方，可以铲成X形坡口，如图2-37(b)所示。用生铁焊条烧焊(市面有销售)。

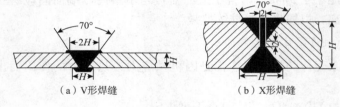

（a）V形焊缝　　　　　　　　（b）X形焊缝

图2-37　冷焊坡口

在焊接厚大铸件时，为防止冷后收缩而将附近材料拉开，可以在坡口上加装螺钉，如图2-38所示。螺钉直径约为0.3～0.5倍的铸件厚度。螺钉间距离约为螺钉直径的4～8倍。堆焊时，每焊完一层，最好用手锤对焊缝进行锤击，以增加焊缝密度防止裂纹。

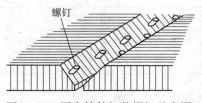

螺钉

图2-38　厚大铸件加装螺钉示意图

②热焊。热焊用于受较大力及需要密封的地方。在烧焊以前必须进行预热，预热的方法，随铸件的大小而异，放在炉内或者放在用炭砖砌成与铸件形状相同的铸型内，四周围放木炭，上边覆盖泥砂或热灰。预热的时间也随铸件的大小而不同，一般为 2~10h，使铸件各部温度分布相同。加热时应使温度逐步上升，加热到 600~750℃，预热后再进行施焊。由于铸件很热，所以工作时只将焊补部分露出，其余地方均用石棉板盖起来。焊好之后，撒上木炭粉，盖好热灰或砂，使其缓慢冷却。

五、离心泵的装配

(一)装配前的准备工作

离心泵在装配前，必须做好准备工作。准备工作主要有以下几项。

①装配人员必须熟悉泵的结构、了解装配程序和装配方法。

②准备好装配所需要的工具、量具等。

③各部零件要清洗干净，磨损件按要求修理好。

④对零件进行预装配检查。

对多级泵，转子部分(包括叶轮、叶轮挡套，或者叶轮轮毂、平衡盘等)，应预先进行组装，也称为转子的部件组装或试装，以检查转子的同心度(又称晃动度)、偏斜度和叶轮出口之间的距离。

将叶轮、叶轮挡套、平衡盘装于矫正好的泵轴上，用轴套锁紧后，安装在车床顶尖上，或支承在两个 V 形铁上(或轴瓦上)，如图 2-39 所示。

①转子同心度的检查。

(a)将转子的圆周分为八等份(叶轮也可按叶片数分)，并做上记号。将千分表分别置于叶轮的口环外圆、叶轮外圆、叶轮挡套外圆、轴套外圆、平衡盘外圆上，见图 2-39。缓慢转动转子，每转过一等份，记录一次千分表的读数。转子转动一周后，每个测点上的千分表就能得到 8 个读数，把这些读数记录下来。

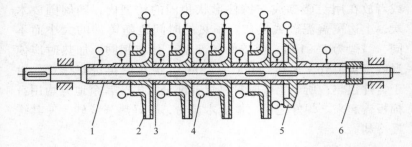

图 2-39　转子的检查

1—轴套；2—叶轮；3—挡套；4—千分表；5—平衡盘；6—锁紧螺母

（b）每一测点处的最大读数减去最小读数，就是转子的偏心度。

测量转子偏心度的目的是为了检查各部件与泵轴的同心度。如果偏心度超过允许值，可用车床车削，使其符合要求。

②转子偏斜度的检查。转子偏斜度主要检查叶轮口部端面和平衡盘与平衡环的摩擦面。把泵轴架成水平后，叶轮口部端面和平衡盘的摩擦面应当是与泵轴线垂直的铅垂面。该铅垂面若有偏斜，运转中会严重磨损，甚至影响平衡盘的工作。检查偏斜度时，用千分表水平指在叶轮、平衡盘的侧面，见图 2-39。转动叶轮和平衡盘，千分表的最大读数减去最小读数，即为偏斜度。偏斜度超过规定时，可采用车削校正。

③间距的测量和调整

（a）间距测量。间距测量主要有相邻叶轮出口间距、首级叶轮与末级叶轮的总间距、相邻导翼进口间距、首末级导翼进口的总间距。

叶轮间距以叶轮中心线或叶轮的边缘作基准，用钢片尺或专用卡尺测量，如图 2-40 所示。每一个间距或总间距的误差，一般不应超过或小于规定尺寸 1mm，如不合这个要求，应进行调整。

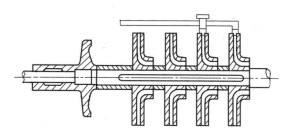

图 2-40　检查叶轮间距

（b）间距的调整。调整根据具体情况而定。例如总间距符合要求，但有个别间距不符合要求，有的间距大，有的间距小，这多半由于叶轮轮毂长短或轴套长短不均造成的。此时把原来装配叶轮或轴套的次序适当更动一下，取长补短，便可调整好。如果还不行或者总间距不合要求，就要更换几个叶轮或轴套，也可以用挫削过长的叶轮轮毂，或在叶轮与挡套之间增加紫铜垫片使之符合要求。

中段和导翼的间距以导翼和中段侧面为基准，用钢板尺测量。间距不合适时，用改变垫片厚度的方法来调整。

总之，要使相邻叶轮之间距相等，且等于相邻导翼之间距，首末级叶轮出口的总间距等于首末级导翼在中段之间装有垫片并且相互压紧时的总间距。

叶轮或中段调好之后，应当作上记号，注明次序，以免装配时弄错。

（5）按零件组合情况，尽可能先把零件装配成部件。

①把密封环和叶轮进行装配，使其配合间隙符合标准，并把密封环装配到相应中段和吸入段上。

②如果有导翼套，也要分别装配到导翼上。

③如果是可拆换的导翼，也要分别装配到中段上。

④把滑动轴承部分分别装配好，组成两个轴承架。

⑤选配好平衡套，使平衡套与平衡盘轮毂之间隙符合要求。

⑥把平衡环装配到排出段上。

（6）把检查好的零件或装配好的部件按照装配的次序摆好。

（二）装配程序

离心泵的装配程序与拆卸程序相反，按照"先拆后装"的原则进行装配。

（1）BA 型泵装配。

①BA 甲型泵装配。

（a）把滑动轴套装在泵体内，用定位螺丝固定。

（b）将密封环装在泵体内，用定位螺丝固定。

（c）将球轴承装在轴上，并套上其余附件，再将轴和轴承装在托架上并上紧螺丝。轴承和托架内应装上润滑脂。

（d）装上联轴器。

（e）套上填料压盖后，将泵体装在托架上。

（f）装上叶轮并用螺帽和固定锁片固定。用手转动叶轮，检查叶轮的摆动情况。当装置正确时，泵轴可以用手随便转动。摆动的范围应小于叶轮和密封环之间隙的一半。

（g）装上垫圈，装好泵盖。

（h）装上填料，拧紧压盖。

泵装配完毕后，应该用手转动泵轴，装配良好时，泵轴转动灵活，泵内无碰、卡现象。

②BA 乙型泵装配。

（a）将前挡油环、球轴承、定位套、第二个球轴承装到轴上；再装上后挡油环；挡套、轴承端盖、联轴器等，并将其固定在轴上。

（b）将装配好的轴装入托架内，安装上前轴承端盖。加上青壳纸垫后，拧紧后轴承端盖螺丝。后轴承与盖间应有 0.25 ~ 0.5mm 的间隙。

（c）将挡水圈、填料压盖、填料环（液封环）等装在轴上，再装上泵体。

（d）装上叶轮，用锁片和螺帽锁紧，检查叶轮的摆动情况，摆动应在 0.12mm 以内。

（e）将密封环装在泵盖内，用定位螺丝固定，然后将垫片和泵盖装上。

（f）装上填料，拧紧压盖。

（g）检查转动情况，在托架内按要求加注润滑油。

（2）Sh 甲型泵装配

①在泵体上铺上一层青壳纸垫，装上填料螺丝、轴承体压盖螺丝、固定泵盖的螺丝和四方螺塞。

②把叶轮键放入轴中央的键槽内，装上叶轮，在叶轮两边装上轴套，拧紧左右轴套螺母；再套上填料套、填料环和填料压盖；套上挡套及轴承盖，装上单列向心球轴承，把密封环套在叶轮上，把轴承体装到轴承上。

③把装好的轴放到泵体上，把轴承体放到泵体两端支架上，盖上轴承体压盖，并装上固定螺钉。

④用轴套螺母调整叶轮中心对准泵壳中心，用跨径扳手拧紧轴套螺母，在填料筒内装入填料和填料环。

⑤将泵盖盖到泵体上，并装好填料压盖。

⑥在轴端部把联轴器装上，在泵盖上装上液封管。

（3）Y 型油泵（以 65 Y – 60 泵为例）装配。

①用专用工具将滚动轴承装在泵轴上，将轴从联轴器方向穿入轴支架，装上滚珠轴承和锁紧螺母。

②装上前后轴承压盖和挡水环，并用螺钉紧固。

③装上联轴器。

④装上机械密封压盖和机械密封。

⑤装上泵体，对称均匀地拧紧螺帽。注意松开顶丝，使顶丝端部缩进孔中，防止顶坏托架。

⑥装上叶轮和叶轮锁紧螺母。

⑦将整个泵盖装到泵体上，并均匀上紧螺丝。一边上螺母一边转动联轴器，使之转动灵活，无摩擦声响。

⑧联轴器校正。

⑨对称均匀地拧紧机械密封压盖螺母。

⑩连接液封管及附属管线。

（4）DA 型泵装配。

①将装好吸入端轴套和键的轴穿过吸入壳。

②装上第一级叶轮挡套，并使叶轮紧靠前轴套。

③在中段上垫上一层青壳纸垫后，装上中段和第二级叶轮。然后，依次装上叶轮挡套、中段、第三级叶轮……以至排出壳体，装上泵体拉紧螺栓和螺帽，将螺帽对称地拧紧。

④装上平衡盘、轴套，用轴套锁紧螺母将平衡盘锁紧。

⑤装上平衡室盖。

⑥安装前、后端填料、填料环和填料压盖。

⑦安装前、后挡水圈，装上轴承架、轴承和润滑油环，将轴承固定好，将润滑油环上的限位铁片用螺丝拧紧。

⑧装上液封管、回流管、联轴器等。装配完毕后，在轴承体内注入润滑油；多级泵装配完毕后，应做到用手转动（大泵用扳手或相应的工具转动）泵轴，必须灵活、轻松，不能出现碰、磨等现象，泵轴转至任何角度的松紧情况应一致。若转动困难，一般是轴承架装配不好、填料压得过紧，或其他原因引起。如出现这种情况，应根据具体情况，找出问题和故障并排除，使其达到要求。

（5）TSW 型泵装配。

①将装好吸入端轴套和键的轴穿过吸入段，推入第一级叶轮。

②在中段上垫上一层青壳纸垫后，装上中段，并依次装上第二级叶轮、中段、出水段。

③用泵体拉紧螺栓将进水段、中段和出水段紧固在一起。

④装上平衡盘，并用排出端轴套将平衡盘锁紧。

⑤安装上尾盖（平衡室盖）。

⑥装上前、后轴承体后，装入单列向心球轴承，并分别以轴套螺母和圆螺母紧固。

⑦在轴承体内装入润滑脂后，将青壳纸垫套在轴承体上，再将轴承装到轴承体上，用螺钉紧固。

⑧装上回水管、联轴器和其他零件。

（三）多级泵装配时的对中问题

装配中十分重要的一个问题是要检查叶轮出口中心和导流器进口中心是否一致，即各个叶轮出口中心必须对准导翼进口中心。调正"中心一致"不但保证泵的正常效率，而且可避免转不动，或叶轮前后碰磨等危害。

"中心一致"主要是由平衡盘所处的位置来决定的，泵在运转过程中平衡盘前后移动，直接影响叶轮出口和导流器进口的中心一致，由于平衡盘工作时，在与平衡环间保持很小间隙（通常是 0.1～0.25mm）范围内窜动，自动地平衡轴向力。因此，检查调整"中心一致"可在平衡盘紧靠平衡环的情况下进行。

"中心一致"的条件是锁紧转子的锁紧螺母，拧紧泵体上的拉紧螺栓，在平衡盘紧靠平衡环时，叶轮的出口与导流器的进口中心对正，叫对中，见图 2-41。运转时，平衡盘与平衡环的间隙仅 0.1mm 左右，可以认为是对中的。对准的方法一般有三种。

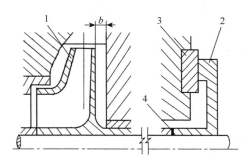

图 2-41　泵的对中
1—第一级叶轮；2—平衡盘；3—平衡环；
4—平衡盘与末级叶轮轮毂间垫片

（1）第一种对中方法

①将装好吸入端轴套和键的轴穿过吸入壳。

②装入第一级叶轮和叶轮挡套，并使叶轮紧靠前轴套。然

后移动泵轴，使第一级叶轮出口中心与第一级导流器进口中心一致。在泵轴前端相对填料压盖端面的轴上作一个记号，便于最后检查叶轮与导流器的对中情况。

应当注意在调整第一级叶轮出口中心与导流器对中时，叶轮应紧靠前轴套。此时叶轮不能靠紧吸入壳。

③在中段上垫上一层青壳纸垫后，装上中段和第二级叶轮，依次装上叶轮挡套、中段、第三级叶轮……至排出壳，装上泵体拉紧螺栓和螺帽，将螺帽拧紧。

④装上平衡盘，用轴套和轴套锁紧螺母将平衡盘锁紧。

将平衡盘紧贴平衡环，检查泵轴前端的记号，如果记号位置没变，说明第一级叶轮出口中心与第一级导流器进口中心对中了。由于叶轮间距与导流器的间距在装配前已测量并调整使其相等，所以各级叶轮分别与对应导流器都对中了。如果记号位置改变，说明平衡盘轮毂与末级叶轮轮毂之间的垫片厚度不合适，只可调整该垫片的厚度解决问题。

（2）第二种对中方法。用检查转子轴向窜动量的方法来调整。从图2-42中可以看出，在叶轮出口与导流器进口中心一致的情况下，叶轮两侧均有适当间隙。在装上平衡盘前叶轮两侧所能活动的范围，称为转子的轴向窜动量；装上平衡盘后，在平衡盘贴紧平衡环的情况下，转子不可能再向吸入方向窜动，而只能往排出方向窜动，其窜动范围如图2-42中的 B 所示。因此，装上平衡盘后检查转子轴向窜动量，若等于规定值，说明对中良好；若小于规定值，说明叶轮偏向排出端；若大于规定值，说明叶轮偏向吸入端。

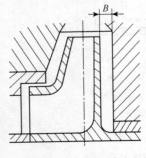

图2-42　转子轴向窜动量

（3）第三种对中方法

①将装好吸入端轴套和键的轴穿进吸入壳。

②装上第一级叶轮和叶轮挡套，

并使叶轮紧靠前轴套。

③在中段上垫上一层青壳纸垫后，装上中段和第二级叶轮，依次装上叶轮挡套、中段、第三级叶轮……至排出壳，装上泵体拉紧螺栓和螺帽，将螺帽对称地拧紧。装上特制的长度大于平衡盘轮毂长度与总窜动之和的挡套，装上轴套，并用锁紧螺母锁紧。

④推动转子使之移向前极端，以前填料压盖端面为基准，在泵轴上作上一记号，再拉动转子使之移向后极端，再在基准处的轴上作上一记号，测量总窜动量。

⑤拆卸下挡套后，装上平衡盘，并锁紧。使平衡盘紧靠平衡环，在轴上作上一记号。然后向后拉转子到端点，再在轴上作上一记号。测量两记号间距，若等于总窜量的一半，则叶轮出口中心与导流器进口中心一致。否则，需调整平衡盘轮毂与末级叶轮轮毂间垫片的厚度来满足要求。

北京水泵厂生产的 DA 型离心泵，在后轴承座上有一个平衡盘指针，指针下方轴上有一绿色刻线，出厂调验"中心一致"后指针正对准轴上刻线。这种装置给维修中调整"中心一致"提供了方便条件。

对于两端是滚珠轴承的多级泵，由于轴承内圈固定在轴上，而外圈支承在轴承架上，整个转子的轴向窜动靠轴承外圈在轴承座中滑动。因此，一是拆卸轴上无定位肩的多级泵的位置一定要作上记号，便于恢复原装配（如 TSW 型泵）。二是轴承压盖的凸台与滚动轴承的外座圈沿轴向要留有窜动间隙。

六、离心泵的试车与验收

（一）试车的目的

离心泵经过大修后应进行试车，用以检查泵的各部分是否还存在缺陷，特别是检查油泵工作能力是否符合要求。试车时，如果发现问题，便能在投入运转以前得到及时处理，保证泵在高效率的条件下安全运转到下一次大修。

（二）试车前的检查应符合下列要求

（1）驱动机的转向应与泵的转向相符。

（2）应查明泵转向。

（3）各固定连接部位应无松动。

（4）各润滑部位加注润滑剂的规格和数量应符合设备技术文件的规定；有预润滑要求的部位应按规定进行预润滑。

（5）各指示仪表保护装置及电控装置均应灵敏、准确、可靠。

（6）盘车应灵活、无异常现象。

（三）泵启动时应符合下列要求

（1）离心泵应打开吸入管路阀门，关闭排出管路阀门；高温泵和低温泵应按设备技术文件的规定执行。

（2）泵的平衡盘冷却水管路应畅通；吸入管路应充满输送液体，并排尽空气，不得在无液体情况下启动。

（3）泵启动后应快速通过喘振区。

（4）转速正常后应打开出口管路的阀门，出口管路阀门的开启不宜超过3min，并将泵调节到设计工况，不得在性能曲线驼峰处运转。

（四）泵试运转时应符合下列要求

（1）各固定连接部位不应有松动。

（2）转子及各运动部件运转应正常，不得有异常声响和摩擦现象。

（3）附属系统的运转应正常；管道连接应牢固无渗漏。

（4）滑动轴承的温度不应大于65℃；滚动轴承的温度不应大于70℃；其他轴承的温度应符合设备技术文件的规定。

（5）各润滑点的润滑油温度、密封液和冷却水的温度均应符合设备技术文件的规定；润滑油不许有渗漏和雾状喷油现象。

（6）泵的安全保护和电控装置及各部分仪表均应灵敏、正确、可靠。

(7)密封漏损不超过下列要求：

机械密封轻质油 10 滴/min，重油 5 滴/min。

软填料密封轻质油 20 滴/min，重油 10 滴/min。

(8)工作介质相对密度小于 1 的离心泵，用水进行试运转时，应控制电动机的电流不得超过额定值，且水流量不应小于额定值的 20%；用有毒、有害、易燃、颗粒等介质进行运转的泵，其试运转应符合设备技术文件的规定。

(9)需要测量轴承体处振动值的泵，应在运转无汽蚀的条件下测量。

（五）验收

检修质量符合要求，检修记录齐全、准确，试运转正常。可按规定办理验收手续，交付使用。

验收结束后，上述资料应存入设备档案。

七、离心泵的报废条件

凡符合下列条件之一者，可申请报废。

(1)泵体或泵盖损坏无法修复。

(2)大修费用超过设备原值的 50%。

(3)机型淘汰、配件无来源。

(4)因泵自身的原因，泵流量低于额定流量 30% 以下。

第三章 滑片泵

滑片泵的应用范围广,不仅适用于输送介质温度在 -20 ~ 80℃的汽油、煤油、柴油等轻质油品,还适用于输送润滑油、高黏性液体和芳香剂、制冷剂、氨水及溶剂类(如丙酮、酒精等)介质;不仅可应用于固定设备中(如油库中用于卸油,替代真空系统引油、抽底油、扫仓、加油等固定机组中),还广泛适用于机动加油车、油罐车。

第一节 滑片泵的工作原理

转子为开有若干叶片槽的柱体,泵体内壁为一有规律变化的曲线,泵腔内壁与转子外表面构成月牙形空间,叶片装在转子的沟槽内,并可以在槽内滑动。转子旋转时,叶片受离心力的作用从槽中甩出,其端部紧贴在腔体内壁上,月牙形空间被叶片分隔成若干扇形的小室(基元容积),当基元容积逐渐增大时,在吸入端产生真空,将液体吸入;随着转子的旋转,基元容积逐渐减少,对泵腔内的液体产生挤压作用,使液体排出泵而形成一定流量,当出口有负载时,形成压力,压力的大小与负载有关。基元容积周而复始地增大、减少、连续变化,将液体连续地吸入和压出,使液体按照一定的流量和出口负载所需的压力由出口输出。

第二节 滑片泵的结构

滑片泵为容积式泵的一种，SUB型滑片泵的结构见图3-1。它主要由转子、泵体、叶片（滑片）、端盖、轴、轴承和机械密封、安全阀等组成。

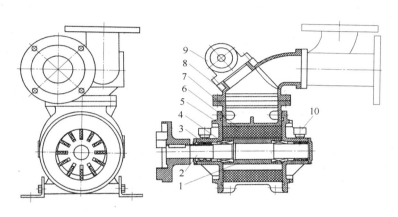

图3-1 滑片泵的结构

1—转子；2—轴；3—轴承；4—密封；5—端盖；
6—滑片；7—泵体；8—泵上盖；9—安全阀；10—注油口

第三节 滑片泵的完好标准

一、运转正常性能良好

①压力平稳，流量均匀；压力能达到铭牌额定值的90%；
②机械密封严密，运转时泄漏量不超过3滴/min；停止工作时，无泄漏；

③轴承润滑良好，温度不超过 70℃ ；

④盘车无轻重不匀感觉；运转平稳，无异常震动、无杂音；

⑤泵体安装水平，机组同心度良好；联轴器安装符合要求，磨损不超过极限值；

⑥泵体完整、无裂纹、无渗漏。

二、附件齐全安装正确

①回流管安装正确；压力表、真空表等仪表齐全，指示准确，定期校验；压力表量程为额定压力的 1.5 ~ 2 倍，精度不低于 1.5 级；

②安全阀安装方向正确、严密，其控制压力不超过工作压力的 1.1 ~ 1.2 倍，弹簧无断裂，无卡阻现象；

③过滤器、出入口阀门等附件齐全完好；吸入管径不小于泵的吸入口；过滤器(30 ~ 40 目)完好，流通面积应为进口面积的 10 ~ 12 倍；

④泵座、基础牢固，各部连接螺栓、垫片、螺母完整、紧固、满扣。

三、外观整洁维护完好

①泵体油漆完好、无脱落，轮(轴)无锈蚀，铭牌完好、清晰；

②泵体连接处无渗漏，地面无油迹；

③油泵编号统一，字体正规，色标清楚。

四、技术资料齐全准确

①有产品出厂合格证、有备履历卡片；

②有易损件备品，或有易损件图纸；

③有运行、检修、缺陷记录，内容完整，记录整齐。

第四节 滑片泵的操作使用

一、开机前的准备工作

（1）新机组开机前泵体内应充适量的介质油（所输送的介质，可从安全阀尾部螺孔加入），泵体内油量超过泵的轴心线，否则会损坏泵内的机械密封，正常使用的泵开起前不必加油。

（2）检查转向，是否符合规定要求。

（3）检查润滑油，特别是长期停用的泵，再次运动时，必须加注润滑油脂（钙基润滑脂），用手转动旋转部分，检查转动是否灵活，有无卡壳或其他异常情况。正常使用的泵，每隔30天检查一次油杯中的油量，不够时加满，并压入轴承中。

（4）检查泵进出口阀门开闭状况。

对滑片泵来说，最好是出口阀全开情况下启动，如果工艺流程不允许全开，则可慢慢调整至流程所规定的要求，然后将阀门的开启度锁住，下次启动时就不必再调整。

二、开机

开机前各项准备工作完成后，即可开机。

三、运行

（1）启动后应查看进出口压力表所指示的表压，出口表压应在性能指标范围内，以达到高效运行之目的。

（2）通过听、看、闻的方法检查泵机组运行状况，不得有刺耳噪声和剧烈振动。

（3）连续运行时，要查看安装轴承的泵端盖温度是否正常，不得高于环境温度40℃。用手触摸不得烫手，否则为异常情况，应停机查找原因。

（4）注意观察电机功率表（或电流表），功率（或电流）过大应停机，查找原因。

四、维护注意问题

SUB 型滑片泵的结构紧凑、合理，可靠性好，在正常情况下使用，一般不需拆开保养，当发现有故障时，应找出原因予以解决。

（1）轴承。泵选用的轴承为滚针轴承，平时保养不必更换，当磨损严重，影响正常使用时，才予以更换。

（2）滑片。滑片的正常磨损量极小，当磨损严重，磨损量超过 2mm（指滑片与泵腔内壁接触部的磨损量）时，必须更换滑片。

（3）泵端盖。泵的左右两端盖正常情况下磨损很小，且两边应均匀磨损，若保养维护时发现磨损大，磨损不匀时，应找出原因，予以解决。

（4）机械密封。机械密封在不漏油的情况下，一般不应拆开检查。若泵端盖下端泄漏口产生严重漏油时，则应对机械密封进行拆检。装拆机械密封时，应轻取轻放，注意配合面的清洁，拆装时应注意动环、静环镜面的保护，严禁敲击碰撞。机械密封产生泄漏的原因主要是磨擦副镜面被拉毛，其修复方法是对磨擦副研磨，使镜面恢复，也可更换磨擦副。另一原因是 O 形密封圈（输油泵材质为耐油橡胶）安装不当或变形老化造成泄漏，此时则需要调整或更换 O 形密封圈进行重新装配。

（5）安全阀。安全阀一般不会出故障，平时严禁打开，若损坏，应更换新的安全阀。

第五节　滑片泵的故障及排除

滑片泵常见故障、原因及其排除方法见表3-1。

表 3-1　　滑片泵常见故障原因及排除方法

故　障	原因分析	排除方法
1. 油泵不出油	吸入管路漏气	查出漏气部位予以消除
	吸入管路过长或吸程太高	降低吸程，缩短吸入管路
	机械密封泄漏严重	更换机械密封
	出口管路处于闭死状态	打开出口管路阀门、排气
2. 油泵出油量不足	转速太低	调整转速
	安全阀松动，偏离原调定位置	重新调整，并锁紧
	转子两端面磨损严重	修理或更换转子
	负载过大（压力超过额定压差）	减少负载
3. 油泵轴功率过大	压力过高	降低压力
	转速过高	调整转速
	装配太紧，摩擦损耗功率太大	重新调整、保证端面径向间隙
4. 泵发热	负载压力过高	减低负载压力
	安全阀起作用压力过低	重新调整起作用压力
	轴承磨损严重	修理、更换轴承
	二相输送时，气相比例太高	调整二相比例
5. 振动噪声过大	底座不稳	加固
	发生汽蚀	改变工况
	轴承磨损	更换轴承
	泵和电动机不同轴	调整同轴度
	工况点不合适	重新调整工况点

第六节　滑片泵的维护与检修

一、滑片泵各种检查内容

滑片泵各种检查内容见表3-2。

表3-2　滑片泵各种检查内容

检查类别	检查内容
1. 日检查	①工作中滑片泵的振动、噪声是否正常 ②滑片泵是否有泄漏、渗油情况 ③滑片泵的表面是否有损坏处 ④泵压力表指示值
2. 周检查	①检查是否渗漏、油泵功率、振动与噪声情况 ②检查电动机和泵体的连接情况 ③检查轴承在圆周方向的间隙
3. 半年检查	①检查清理过滤器 ②检查机械密封是否漏油 ③检查更换润滑油、润滑脂 ④检查进出口阀门
4. 年度检查	①检查滑片的磨损情况 ②检查转动部分的磨损情况及间隙 ③检查衬板磨损情况是否均匀 ④检查轴承是否磨损严重 ⑤检查齿轮是否磨损严重 ⑥检查泵壳内部的腐蚀情况 ⑦校验压力表

二、滑片泵的维护

　　检查维护工作应由具有一定实践经验的人员进行；必须在确认电源切断的情况下进行；如泵抽过危险或毒性的液体，在进行维修前，必须排净泵内残液，以防发生意外伤人事故。

泵结构紧凑、合理、可靠性好，在正常情况下的维护使用，一般不需拆开保养，只进行以下维护即可。

（1）定期向机械密封加注 32 号机械油。

（2）定期向轴承注润滑脂。

（3）定期检查清洗过滤器。

（4）发现密封泄漏，应立即拆洗轴承并上油，同时查找原因，采取相应措施。

三、滑片泵的维修

（1）滑片在正常使用时，滑片的磨损量极小，如发现磨损严重时，应查找原因并更换滑片，只要拆卸右泵盖部分就可以很方便地更换（磨损包括两轴向端面及与定子内壁相接触的径向端面）。

（2）衬板在正常情况下磨损很小，如发生磨损过大，或不均匀时，应找出原因，予以解决。

（3）轴承一般不用更换，当磨损严重，影响正常使用时，应予更换。

（4）齿轮一般不用更换，只有磨损严重，影响正常使用时才需更换。

（5）机械密封，除非漏油时，一般不宜拆开检查；装拆机械密封时，应轻取轻放，注意配合面的清洁，保护好动环、静环的镜面，严禁敲击、碰撞。

四、滑片泵的噪声控制

（1）查明振动原因。

（2）更换轴承密封环并矫正轴线。

（3）清除杂质。

（4）坚固地角螺栓。

（5）维修矫正泵轴。

(6)组装试验。

五、滑片泵的拆卸装配

(一)采用挠性联轴器的泵拆卸步骤

(1)切断电源，排净泵内介质。

(2)拆卸进出口管路、安全阀(根据需要而定)。

(3)拆卸防护罩、电动机、调整圆螺母、防转垫圈、泵联轴器。

(4)拆卸左轴承盖。

(5)拆卸左泵盖，取出机械密封、左衬板。

(6)拆卸右轴承盖，调整圆螺母及防转垫圈。

(7)拆卸右泵盖。

(8)取出机械密封、右衬板。

(9)抽出转子、滑片、打棒。

(二)采用挠性联轴器、齿轮传动的泵拆卸步骤

(1)切断电源，放干泵内介质。

(2)拆卸进出口管路、安全阀(根据需要而定)。

(3)拆卸防护罩、联轴器，移出电动机(带齿轮箱)。

(4)拆卸泵轴上调整圆螺母、防转垫圈、联轴器，拆卸左轴承盖。

(5)拆卸左泵盖、轴套、轴承，拆卸泵盖，拆卸轴套、衬板，取出机械密封。

(6)拆卸右轴承盖、调整圆螺母、防转垫圈、右泵盖、轴承，拆卸轴套、油封、衬板。

(7)拆卸机械密封。

(8)抽出转子、滑片、打棒。

(三)滑片泵的装配

装配与拆卸的步骤相反。

装配前必须将与介质接触的零件表面先用煤油或汽油洗净

油垢和油腻，再用压缩空气吹除其他杂质。

六、滑片泵试运行

滑片泵试运行时应注意以下几点。

（1）启动后应查看进出口压力表，出口表压应在性能指标范围内，以达到高效运行的目的。

（2）通过听、看、闻，观测泵组运行情况，发现噪声和振动异常，应停机查找原因。

（3）连续运行时，经常查看轴承盖温度是否正常，不得高于环境温度40℃，用手触摸不得烫手，否则为异常情况，应停机查找原因。

（4）注意观察电动机功率（电流）表，发现功率（电流）过大应立即停机查找原因。

第四章 螺杆泵

螺杆泵一般用于输送各种润滑油、燃料油和柴油。它具有流量大(0.5～2000m³/h)、排出压力高(低于40MPa)、效率高和工作平稳之特点。近年来,油库已逐渐采用螺杆泵输送黏油等。

第一节 螺杆泵的工作原理

螺杆泵是容积泵,它利用泵体和互相啮合的螺杆,将螺杆齿穴分隔成一个个彼此隔离的空腔,使泵的吸入口和排出口隔开。

螺杆泵工作时,主动螺杆按一定方向旋转,从动螺杆也随之旋转,在吸入口处齿穴所形成的空腔由小变大,吸进油品。当空腔体增至最大值时,即被啮合的齿和齿穴所封闭。封闭空腔体中的油品沿轴向排出端移动。在排出口处空腔体积逐渐变小,将油品排出,如图4-1所示。

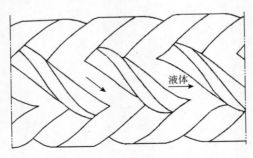

图4-1 螺杆泵工作原理

第二节　螺杆泵的结构

以 3G70×3 型泵为例说明其结构。它主要由泵体、泵套、吸入盖、主动螺杆、从动螺杆、安全阀等组成，如图4-2所示。

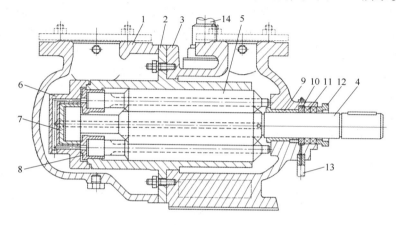

图4-2　3G70×3型螺杆泵结构

1—吸入盖；2—泵套；3—泵体；4—主动螺杆；5—从动螺杆
6—泵套盖；7—主动推力轴承；8—从动推力轴承；9—轴承；10—填料环
11—填料；12—填料压盖；13—溢油管；14—安全阀组件

一、螺杆

主动螺杆与从动螺杆的螺纹方向相反，它们之间互相啮合，共同装在泵体内。为防止液体从高压腔流向低压腔，螺杆外圆表面和泵体套内表面间隙很小，螺杆相互啮合处的间隙也很小。

主动螺杆吸入端支撑在推力轴承上，排出端支撑在滑动轴套上。从动螺杆吸入端支撑在推力轴承上，螺杆外圆表面和泵体套紧密地贴合，故排出端不需要支撑。螺杆泵工作时，电动机通过联轴器带动主动螺杆旋转，从动螺杆受到排出液体压力的作用而自转。

3G70×3型泵是单吸式容积泵，由于排出腔与吸入腔的液体压力不等，在压力差的作用下，主动螺杆和从动螺杆都产生了方向指向吸入端的轴向推力，在主动螺杆中心有一个小孔。螺杆泵工作时，排出腔的压力较高的液体经过小孔通至吸入端的推力轴承内，作用在螺杆端部，从而平衡了轴向力，并对推力轴承起冷却和润滑作用。从动螺杆轴向推力的平衡与此相似。在泵套盖内有内流道，由主动螺杆中心小孔引来的排出腔液体，经过泵套盖内流道，引至从动螺杆推力轴承内，借以平衡从动螺杆的轴向推力，并对轴向推力起冷却和润滑作用。

二、安全阀

泵的安全阀结构如图4-3所示。

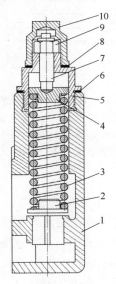

图4-3 安全阀结构

1—阀体；2—安全阀；3—安全阀弹簧；4—弹簧座；5—阀盖；
6—垫圈；7—调整螺杆；8—垫圈；9—锁紧螺帽；10—护盖

安全阀下部与排出腔体连通，上部与吸入腔体连通。转动调整螺杆，可以改变弹簧的压紧程度。正常工作时，弹簧对安全阀的作用力（方向向下）大于排出腔体内液体对安全阀的作用力（方向向上），安全阀贴紧在泵体上的阀座上，将排出腔与吸入腔隔开。当排出腔内液体压力超过允许范围时，排出腔内液体对安全阀的作用力大于弹簧的作用力，安全阀被顶开，排出腔体和吸入腔体连通，排出腔内液体回流至吸入腔。安全阀下部的叶片，在安全阀的开闭过程中起导向和定位作用。

三、泵的吸入口和排出口

泵的排出口向上，使泵停后泵内保存一定量的液体。当再次启动泵时，泵内各间隙得到密封和润滑。改变吸入盖的安装方向，泵的吸入口可以根据需要指向上下左右四个方向。从传动方向看，泵轴为顺时针方向旋转。

四、螺杆泵的结构特点

（1）结构简单，零件少，容易装拆。

（2）主动螺杆由电机（或其他动力）带动旋转，从动螺杆受到排出的压力作用而自转，主动螺杆不向从动螺杆传递动力，且主从螺杆之间又附有一层油膜，螺杆之间的磨损极小，泵的寿命长。

（3）被输送的油品在泵内作匀速直线运动，油品在泵内无旋转、无脉动地连续运动。因此，螺杆泵工作时无振动、无噪声、流量稳定。

（4）螺杆泵内的泄漏损失比较小，效率比较高。

第三节　螺杆泵的完好标准

一、运转正常性能良好

（1）压力平稳，流量均匀；压力能达到铭牌额定值的90%；

（2）机械密封严密，运转时泄漏量不超过 3 滴/min；停止工作时，无泄漏；

（3）轴承润滑良好，温度不超过 70℃；

（4）盘车无轻重不匀感觉；运转平稳，无异常振动、无杂音；

（5）泵体、泵套、主动螺杆、从动螺杆、衬套、轴套等机件配合磨损极限符合规定要求；

（6）泵体安装水平，机组同心度良好；联轴器安装符合要求，磨损不超过极限值；

（7）泵体完整、无裂纹、无渗漏。

二、附件齐全安装正确

（1）回流管安装正确；压力表、真空表等仪表齐全，指示准确，定期校验；压力表量程为额定压力的 1.5～2 倍，精度不低于 1.5 级；

（2）安全阀安装方向正确、严密，其控制压力不超过工作压力的 1.1～1.2 倍，弹簧无断裂，无卡阻现象；

（3）过滤器、出入口阀门等附件齐全完好；吸入管径不小于泵的吸入口；过滤器（30～40 目）完好，流通面积应为进口面积的 10～12 倍；

（4）泵座、基础牢固，各部连接螺栓、垫片、螺母完整、紧固、满扣。

三、外观整洁维护完好

（1）泵体油漆完好、无脱落，轮（轴）无锈蚀，铭牌完好、清晰；

（2）泵体连接处无渗漏，地面无油迹；

（3）油泵编号统一，字体正规，色标清楚。

四、技术资料齐全准确

（1）有产品出厂合格证、有备履历卡片；

（2）有易损件备品，或有易损件图纸；

（3）有运行、检修、缺陷记录，内容完整，记录整齐。

第四节　螺杆泵的操作使用

螺杆泵操作使用基本与齿轮泵相同。但使用中必须注意以下几点。

（1）首次启动前需从泵上的注油孔向泵内注入少量油品，起密封和润滑作用；还应当检查泵的转动方向及各部连接，并打开排出管路上的所有阀门。若有回流阀，启动时最好打开回流阀。

（2）运转中应注意看压力表和电流表的读数是否正常，并注意听泵运转的声音是否正常，螺杆泵是否发热等。遇有不正常现象应立即停泵查明原因，予以排除。运转中不允许关闭排出管路阀门。

（3）工作完毕需停泵时，可全开排出阀门或保持工作时阀门的开启度停泵，绝不允许关闭排出阀门停泵。

（4）螺杆泵的流量一般采用回流管调节，也可改变泵的转速调节，但泵的转速只能低于正常工作时的转速，而不能任意提高。

（5）泵的工作压力可以通过调整安全阀弹簧的松紧程度来调节。

第五节　螺杆泵的故障及排除

螺杆泵的常见故障及排除方法见表4-1。

表4-1 螺杆泵的常见故障及排除

故障现象	故障原因	排除方法
1. 泵不吸油	吸入管路堵塞或漏气	检修吸入管路
	吸入高度超过允许吸入真空高度	降低吸入高度
	电动机反转	改变电机转向
	油品黏度过大	将油品加温
2. 流量不足或输出压力太低	吸入压力不够	增高液面
	泵体或入口管线漏气	进行堵漏
	入口管线或过滤器堵塞	进行清理
	螺杆间隙过大	更换螺杆
3. 运转不平稳，输出压力太低	联轴器校正不好	重新校正
	轴承磨损或损坏	更换轴承
	泵壳内进入杂物	清除杂物
	同步齿轮磨损或错位	调整、修理或更换
	地脚螺栓松动	紧固地脚螺栓
4. 压力表指针波动大	吸入管路漏气	检修吸入管路
	安全阀没有调好或工作压力过大，使安全阀时开时闭	调整安全阀或降低工作压力
5. 流量下降	吸入管路堵塞或漏气	检修吸入管路
	螺杆与泵套磨损	磨损严重时应更换零件
	安全阀弹簧太松或阀辩与阀座不严	调整弹簧，研磨阀辩与阀座
	电动机转速不够	修理或更换电动机
6. 轴功率急剧增大	出口压力过高	调整溢流阀，检查出口管线
	排出管路堵塞	停泵清洗管路
	泵壳体进入杂物	检查清除杂物
	螺杆与泵套严重摩擦	检修或更换有关零件
	油品黏度太大	将油品加温
	电动机故障	检查、修理或更换
	电流表失灵	修理或更换

故障现象	故障原因	排除方法
7. 泵振动大	泵与电动机不同心	调整同心度
	螺杆与泵套不同心或间隙大	检修调整
	泵内有气	检修吸入管路，排除漏气部位
	安装高度过大，泵内产生汽蚀	降低安装高度或降低转速
8. 泵发热	泵内严重摩擦	检查调整螺杆和泵套
	机械密封回油孔堵塞	疏通回油孔
	油温过高	适当降低油温
9. 轴封漏损过多	机械密封安装不良	重新组装
	机械密封零件损坏	更换损坏零部件
	油封压力太低	调整油封压力
	轴颈磨损	修复
	填料烧坏	更换填料
	密封压盖未压平	调整密封压盖

第六节　螺杆泵的维护与检修

一、螺杆泵检查与维护

螺杆泵检查与维护主要内容见表4-2。

表4-2　螺杆泵检查与维护主要内容

检查类别	检查主要内容
1. 日常检查	①作业时应检查泵的出口压力 ②泵有不正常响声或过热时，应停泵检查 ③检查密封有无不正常泄漏

检查类别	检查主要内容
2. 每月检查	①日常检查内容 ②定时检查泵轴承温度及振动情况 ③检查密封泄漏及螺栓紧固情况 ④封油压力应比泵出口压力大 0.05～0.1MPa ⑤检查清理过滤器

二、螺杆泵的检修

（一）检修周期与内容

螺杆泵检修周期与检修项目见表 4-3。

表 4-3　螺杆泵检修周期与检修项目

检修类别	小　修	大　修
1. 检修周期	2000～2900h	8500～12000h
2. 检修项目	①检查轴封泄漏情况，调整压盖与轴的间隙，更换填料或修理机械密封 ②检查轴承 ③检查各部件螺栓紧固情况 ④清扫冷却水、油封和润滑系统 ⑤检查联轴器及对中	①包括小修项目 ②解体检查各部件磨损情况 ③检查或更换轴承，检查齿轮磨损情况，调整同步齿轮间隙 ④更换密封 ⑤检查螺杆直线度及磨损 ⑥检查泵体内表面磨损 ⑦校验压力表、安全阀

（二）检修的质量要求

（1）螺杆

①以螺杆齿顶为基准，检验轴颈、螺杆表面的磨损情况。要求不得有伤痕，螺杆光洁度不低于 $\overset{1.6}{\bigtriangledown}$。齿顶表面光洁度不低于 $\overset{0.8}{\bigtriangledown}$。轴颈的椭圆度不大于直径的 1/2000。

②螺杆齿顶部分外径与壳体的间隙为0.14~0.33mm。

③螺杆啮合时，齿顶与齿根间隙为0.14~0.33mm，法向截面侧间隙为0.12~0.25mm。

（2）泵体

①泵体内表面光洁度不低于 $\overset{1.6}{\sqrt{}}$ 。

②泵体、中间体的轴承座的配合面及密封面应无明显伤痕，光洁度不低于 $\overset{3.2}{\sqrt{}}$ 。安装时不得憋劲。

（3）轴承。

①滚动轴承与轴的配合为 H7/K6，与轴承箱的配合为H7/h6。

②拆装滚动轴承应使用专用工具。采用热装时，轴承温度可加热到100~120℃（严禁用火焰对轴承直接加热）。

③滚动轴承的滚子和内外滚道表面不得有腐蚀、坑疤、斑点等缺陷。

（4）轴向密封

①填料密封

（a）选用的填料应符合设计要求。

（b）安装时应保证填料环对准液封孔（允许稍偏外，不允许偏内）。

②机械密封

（a）机械密封压盖与垫片接触的平面对轴中心线的不垂直度不大于0.02mm。

（b）安装机械密封时应符合设计要求。

（5）联轴器

①联轴器与轴的配合为 H7/K6。

②联轴器端面间隙为2~5mm。

③联轴器的校正，径向跳动不大于0.5mm。端面跳动不大于0.10mm。

（三）3G 型螺杆泵的拆卸

3G 型螺杆泵的结构见本章中的图4-2，其拆卸程序是：

（1）拆下吸入盖。

（2）拆下联轴器、键和机械密封组件或填料。

（3）松开泵套盖与泵盖间的连接螺母，在主动螺杆排出端垫上铜棒用锤头将主动螺杆、从动螺杆、泵套盖等一起卸下。

（4）松开泵套与泵体连接螺母，用螺钉从顶丝孔将泵套卸下。

（5）卸下安全阀组件。

（四）螺杆泵的检修

（1）缸套浇铸巴氏合金。缸套内壁与螺杆之间有一定的间隙，规定 0.15～0.20mm。但是运转一段时间，缸套内壁产生磨损，使间隙增大，影响了泵的效率。为了满足泵的原设计要求，要对缸套重新浇铸巴氏合金。

①先将缸套旧巴氏合金化掉，再把缸套清洗干净，用苛性钠溶液煮洗（苛性钠溶液：氢氧化钠 10%，水 90%）5～10min，将缸套取出再用热水冲洗，以消除缸套油垢。为了去除缸套表面氧化物，可再进行酸蚀，即在 10%～15% 的稀盐酸溶液中浸5～10min 后用干净水冲一遍。

②缸套挂锡，先将清洗干净的缸套加温到 130～150℃，然后放进预先熔好的焊锡锅里 1～2min 即可取出，焊锡挂好，再检查焊锡在缸套表面的涂层是否均匀。若有未挂上的地方可用烙铁补挂。

③缸套浇铸巴氏合金，将合金熔化后，缸套加温，将巴氏合金浇铸在缸套上让其快速冷却。

缸套挂锡、浇铸两道工序最好连续进行，这样能保证浇铸质量。

浇铸完毕后，对缸套应进行划线，镗出三螺杆内孔，再用三螺杆对缸套内孔进行研磨，使其间隙达到标准。

（2）螺杆的修理。因螺杆上的毛刺对缸壁磨损严重，螺杆要求表面应光滑无毛刺，应对螺杆用油石打磨光滑，达到无毛刺符合要求为止。

（3）铜套的修理。螺杆泵前、后铜套与螺杆配合是滑动配合，都有一定间隙，其值为0.10~0.15mm。主动螺杆的前、后铜套镶在泵盖与泵体上，装配时加压装进去，并装有固定螺钉，以防止铜套转动。

铜套与螺杆的配合，盘车转动应轻快自如，否则应对铜套研磨，或对缸套内壁刮研，使之符合要求。

（五）3G型螺杆泵的装配

（1）将泵套装到泵体上。

（2）从吸入端方向同时将三根相互啮合的螺杆装进泵套内。

（3）装上从动螺杆铜套、泵套盖（主动螺杆铜套固定在泵套盖上），装配时应当注意方向，使泵套盖上的通孔对准从动螺杆铜套上的小孔。

（4）装上吸入盖。

（5）装上填料密封组件，安装上联轴器。

（6）装上安全阀组件。安全阀控制压力的调整方法与齿轮泵相同。

三、螺杆泵的试车与验收

（一）试车前的检查

（1）检查检修记录，确认符合质量要求。记录齐全，准确。

（2）齿轮箱内润滑油油质及油量符合要求。

（3）封油，冷却水管不堵、不漏。

（4）检查电动机旋转方向。

（5）盘车无卡涩，无异常音响。

（6）填料压盖无偏斜。

（7）必须向泵内注入输送介质。

（二）试运转

（1）螺杆泵不允许空负荷试车。

（2）负荷试车应符合下列要求：

①泵在规定转速下，逐次升压至规定压力点的试运转时间不应少于30min。运转平稳，无杂音。

②振动速度应小于1.12mm/s。

③冷却水和封油系统工作正常，无泄漏。

④流量、压力平稳。达到铭牌所规定指标的90%以上，或满足生产需要。

⑤滑动轴承温度不大于65℃，滚动轴承温度不大于70℃。

⑥电流不超过额定值。

⑦轴封泄漏不超过规定值。机械密封为5滴/min；填料密封为10滴/min。

⑧安全阀回流不超过3min。

⑨停车时不得先关闭出口阀。

（三）验收

（1）检修质量符合规定，检修、试运转、安全阀定压和零部件更换记录齐全、准确。

（2）试运行良好，各项技术指标达到技术要求或满足生产需要。

（3）设备状况达到石油库设备完好标准规定。

四、螺杆泵的报废条件

螺杆泵具有下列情况之一的可以申请报废。

（1）泵体螺杆磨损或损坏严重无法修复。

（2）大修费用超过设备原值的50%。

（3）机型淘汰，配件无来源。

第五章 齿 轮 泵

　　齿轮泵属于容积式回转泵的一种。它一般用于输送具有润滑性能的液体。在油库中，齿轮泵用于输送润滑油和燃料油等。
　　齿轮泵主要由主动齿轮、从动齿轮、泵体、泵盖等组成。齿轮靠两端面密封，主动齿轮和从动齿轮均由两端轴承支撑。泵体、泵盖和齿轮的各个齿间的空隙形成密封的工作空间。

第一节　齿轮泵的工作原理

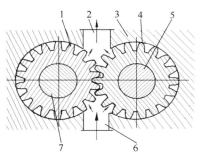

　　齿轮泵的工作原理如图5-1所示。它的一对啮合齿轮，其中一个主动齿轮由原动机带动旋转，另一个从动齿轮与主动齿轮相啮合而转动。由于齿轮与泵盖之间的间隙很小（大约为0.1～0.12mm），因此吸入口和排出口是隔开的。当主动齿轮转动时，带动从动齿轮以相反方向旋转。

图5-1　齿轮泵的工作原理
1—主动齿轮；2—排出口；3—泵壳轮；
4—从动齿轮；5—从动轴；
6—吸入口；7—主动轴

在吸入口处，齿轮逐渐分开，齿穴空了出来，使容积增大，压力降低，将油料吸入。吸入的油料在齿穴内被齿轮沿着泵壳带到排出口，在排出口处齿轮重新啮合，使容积缩小，压强增高，将齿穴中的油料挤入排出管中。

第二节 齿轮泵的结构

以 KCB - 300 型齿轮泵为例说明齿轮泵的结构。齿轮泵由泵体、齿轮组、泵盖、安全阀和机械密封装置等组成，如图 5 - 2 所示。

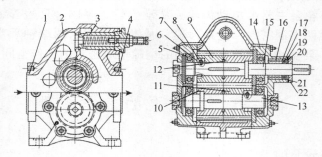

图 5- 2　KCB - 300 型齿轮泵结构

1—吸入口；2—泵体；3—安全阀；4—排出口；5—球轴承；

6—制动螺丝；7—后盖；8—螺母；9、11—左旋齿轮；10、12—右旋齿轮；

13—从动轴；14—前盖；15—主动轴；16—弹簧；17—衬圈；

18—橡胶密封圈；19—动环；20—静环；21—石棉垫圈；22—压盖

一、泵体

齿轮泵工作时，各回转部分在泵体内部的工作空间中旋转，内壳把工作空间分隔成为吸入空间和排出空间。

泵体的上部空间装有安全阀。

泵体两侧面借螺栓固定前止推板和前盖、后止推板和后盖，各止推板都用二个销钉固定在泵体两侧面的一定位置上。前盖和后盖都有两个孔，里面装有四只型号为 307 的单列滚珠向心轴承。

泵体的两侧面和前后止推板内面之间，前后止推板的外面和前后盖的内面之间都衬着纸垫，各平面间得到良好的密封。

纸垫除了起密封作用外，还可以调整齿轮的两端面和前后止推板之间间隙。要求间隙为 0.065～0.135mm。

泵轴穿过泵盖处采用机械密封，也可以采用填料筒密封。

二、回转部分

齿轮泵具有两个回转部分，一个是主动的，一个是被动的。主动轴的一端靠弹性联轴器和电动机轴相连。从传动方向看，泵的主动轮为顺时针方向旋转。

主动回转部分上有主动轴，轴上有长键，装着二个齿轮，其中一个是左旋齿轮，另一个是右旋齿轮，两个齿轮配成一组人字齿轮。被动回转部分上有被动轴，轴上有短键，也装着二个旋转方向相反的齿轮相配成一组人字齿轮。

为了防止各个齿轮的轴向位移，避免齿轮两端面和止推板内面的磨损，将一对齿轮套入轴上后，再旋上锁紧槽圆螺母。为防止螺母因旋转而转动，再用一只 M5×8 的螺栓卡紧。

三、差动式安全阀

差动式安全阀的结构如图 5-3 所示。

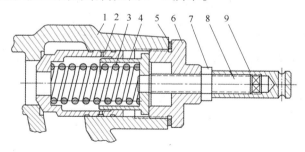

图 5-3　差动式安全阀结构

1—泵体；2—安全阀体；3—弹簧；4—弹簧座；

5—垫圈；6—阀盖；7—锁紧螺母；8—调节杆；9—调节杆套

安全阀体由弹簧顶紧在泵体内吸入腔与排出腔隔板的圆孔（阀座）上。拧动调节杆，可以改变弹簧的松紧度，从而改变安全阀的控制压力。齿轮泵工作时，阀体在轴向受到两个方向相反的力作用。弹簧的作用力方向向左；排出腔体内液体作用在二个环形斜面上，其轴向分力方向向右。在正常情况下，弹簧的作用力大于排出液体引起的轴向分力。阀体处于关闭状态。当排出腔体内液体压力（由于管路堵塞或油料黏度过大等原因）超过允许范围时，由液体压力作用在阀体两个环状斜面上引起的轴向分力大于弹簧的作用力时，阀体被顶开，排出腔内的部分液体经圆孔回流到吸入腔内，从而起安全保护作用。阀体上的环形凹槽起密封作用。正常情况下，排出腔的油品在缝隙流道中经过多次突然扩大和缩小，阻力损失增大，从而减少了泄漏量。由缝隙泄漏的少量液体，经中间环形槽中的小孔流回吸入腔。

差动式安全阀的安装方向与普通安全阀相反。

第三节　齿轮泵的完好标准

一、运转正常性能良好

（1）压力平稳，流量均匀；压力能达到铭牌额定值的90%；

（2）机械密封严密，运转时泄漏量不超过3滴/min；停止工作时，无泄漏；

（3）轴承润滑良好，温度不超过70℃；

（4）盘车无轻重不匀感觉；运转平稳，无异常振动、无杂音；

（5）齿轮无严重磨损，端盖与齿轮间隙调整适当，人字齿轮泵间隙为0.04～0.13mm，内齿轮泵为0.3～0.4mm；

（6）泵体安装水平，机组同心度良好；联轴器安装符合要求，磨损不超过极限值；

（7）泵体完整、无裂纹、无渗漏。

二、附件齐全安装正确

(1)回流管安装正确；压力表、真空表等仪表齐全，指示准确，定期校验；压力表量程为额定压力的 1.5～2 倍，精度不低于 1.5 级；

(2)安全阀安装方向正确、严密，其控制压力不超过工作压力的 1.1～1.2 倍，弹簧无断裂，无卡阻现象；

(3)过滤器、出入口阀门等附件齐全完好；吸入管径不小于泵的吸入口；过滤器(30～40 目)完好，流通面积应为进口面积的 10～12 倍；

(4)泵座、基础牢固，各部连接螺栓、垫片、螺母完整、紧固、满扣。

三、外观整洁维护完好

(1)泵体油漆完好、无脱落，轮(轴)无锈蚀，铭牌完好、清晰；

(2)泵体连接处无渗漏，地面无油迹；

(3)油泵编号统一，字体正规，色标清楚。

四、技术资料齐全准确

(1)有产品出厂合格证、有备履历卡片；

(2)有易损件备品，或有易损件图纸；

(3)有运行、检修、缺陷记录，内容完整，记录整齐。

第四节　齿轮泵的操作使用

一、齿轮泵的操作

(1)使用前的准备。齿轮泵在启动前必须检查泵和电动机的情况。例如，有无卡住和不灵活；填料是否严密；各部件连接是否牢固可靠；润滑油（脂）是否适量等。尤其十分重要的是，启动前必须打开排出阀和排出管路上的有关阀门。

（2）运转中的维护。齿轮泵在运转中禁止关闭排出阀门。其原因是液体几乎是不可压缩的。启动和运转中关闭排出阀门，会使泵或管路憋坏，还可能烧坏电动机。

在运转中应当用"听声音、看仪表、摸温度"的办法随时掌握工作情况，同时要保证各部润滑良好。

（3）流量调节。齿轮泵的流量调节主要是采用旁通阀门开启度进行调节。

（4）禁止关闭排出阀门。齿轮泵在启动和停泵时，关闭排出阀门会憋坏或烧坏电动机。为了安全，除了泵装有安全阀门外，在泵管路上还安装有回流管，启动时可打开回流管上的阀门，以减少电动机的负荷。

二、齿轮泵的润滑

齿轮泵的各部件靠吸入的油品润滑，所以齿轮泵不能长期空转和用来抽注汽油、煤油等黏度小的油品。使用前（特别是长期停用的泵）应向泵内灌入一些要输送的油品，使齿轮得到润滑并密封间隙。用齿轮泵润滑油时，温度不能太低，否则黏度大的油品不容易进入泵内，泵润滑不良而发出嘈杂的声音，并加速泵的磨损。

第五节　齿轮泵故障及排除

齿轮泵发生故障时，真空表和压力表的变化情况除了转速降低及泵内有气时与离心泵相同外，一般只一个仪表发生变化。

一、管路系统故障

（1）吸入管路堵塞。当堵塞严重时，真空表读数增加，压力不变。其原因是泵的流量不变，所以压力读数不变。当吸入管路完全堵塞时，真空表读数增加，压力表读数下降到零。其原因是流量大大减少，甚至断流。

（2）排出管路堵塞。当排出管路堵塞时，压力表读数上升，真空表读数不变；当堵塞严重而超过安全阀控制压力时，安全阀打开，压力表和真空表读数下降。

（3）排出管路破裂。排出管路破裂时，压力表突然下降，真空表一般不变。其原因是管路破裂后并不改变流量。

二、齿轮泵常见故障及排除方法

齿轮泵常见故障及排除方法见表5-1。

表5-1　齿轮泵常见故障及排除方法

故障现象	故障原因	排除方法
1. 泵不吸油	泵内未灌油	开动前必须灌油
	吸入管堵塞	清除吸入管杂物
	吸入管或轴封机构漏气	检修
	泵反转	改变电动机的旋转方向
	间隙过大	调整
	油温过低	加热
	安全阀卡住	检修
2. 流量不足或输出压力不足	吸入高度不够	增高液面
	泵体或吸入口管线漏气	更换垫片，紧固螺栓，修复管路
	入口管线或过滤器堵塞	清理管线或过滤器
	介质黏度大	降低介质黏度
	齿轮轴向间隙过大	调整间隙
	齿轮径向间隙或齿侧间隙过大	更换泵壳或齿轮

故障现象	故障原因	排除方法
3. 密封渗漏	中心线偏斜	校正
	轴弯曲	校正或更换
	轴承间隙过大，泵振动超标	更换轴承
	轴封间隙过大，泵振动超标	更换轴承
	填料材质不合格	重新选材料
	填料压盖松动	紧固压盖
	填料安装不当	重新安装
	填料或密封圈失效	更换填料或密封圈
	机械密封件损坏	更换密封件
4. 泵体过热	吸入介质温度过高	冷却介质
	轴承间隙过大或过小	调整间隙
	齿轮径向、轴向、齿侧间隙过小	调整间隙或更换齿轮
	填料过紧	调整紧力
	出口阀门开启度过小造成压力过高	开大出口阀门，降低压力
	润滑不良	更换润滑脂
5. 电动机超负荷	吸入介质密度或黏度过大	调整介质密度或黏度
	泵内进杂物	检查过滤器，清除杂物
	轴弯曲	校直或更换轴
	填料过紧	调整紧力
	电动机出现故障	修理或更换
	联轴器同心度超标	重新校正
	排出压力过高或排出管路阻力过大	调整溢流阀，降低排出压力，疏通或放大排出管路

故障现象	故障原因	排除方法
6. 振动或发出噪声	吸入高度太大，介质吸不上	增高液位
	轴承磨损，间隙过大	更换轴承
	主动与从动齿轮平等度超标，主动齿轮轴和电动机轴同心度超标	校正
	轴弯曲	校直或更换轴
	泵内进杂物	清理杂物，检查过滤器
	齿轮磨损	修理或更换齿轮
	键槽损坏或配合松动	修理或更换
	地脚螺栓松动	紧固螺栓
	吸入空气	排除空气

第六节　齿轮泵的维护与检修

一、齿轮泵检查与维护

齿轮泵检查与维护主要内容见表5-2。

表5-2　齿轮泵检查与维护主要内容

检查类别	检查的主要内容
1. 每日检查	①作业中检查有无异常振动、噪声 ②有无异常泄漏 ③真空表及压力表指示值是否正常
2. 每月检查	①日检查内容 ②检查泵紧固螺栓有无松动 ③检查填料箱、轴承、壳体温度 ④检查电流
3. 每季度检查	清理一次过滤器

二、齿轮泵的检修

(一)检修周期与内容

齿轮泵检修周期与内容,见表 5-3。

表 5-3　齿轮泵检修周期

检修类别	小　修	大　修
1. 检修周期	2900~4200h	8500~12000h
2. 检修项目	①检查轴封,必要时更换填料,调整压盖间隙或修理机械密封 ②检查清洗过滤器 ③校正联轴器对中	①包括小修项目 ②解体检查各部零件磨损情况 ③修理或更换齿轮轴端盖 ④检查修理或更换轴承、联轴器本体和填料压盖 ⑤更换填料或机械密封 ⑥校验压力表及安全阀

(二)检修的质量要求

(1)齿轮

①齿轮的啮合顶间隙为 $(0.2~0.3)m$(m 为模数)。

②齿轮的啮合侧间隙规定见表 5-4 规定。

表 5-4　齿轮的啮合侧间隙　　　　　　　mm

中心距	安装间隙	报废间隙
50	0.085	0.20
51~80	0.105	0.25
81~120	0.13	0.30
121~200	0.17	0.35

③齿轮两端面与轴孔中心线不垂直度不得超过 0.02mm/100mm。

④两个齿轮宽度应一致。单个齿轮宽度误差不得超过 0.05mm/100mm。齿轮两端面不平行度不大于 0.02mm/100mm。

⑤齿的啮合接触斑点应均匀分布在外接圆线的上下，接触面积沿齿宽应大于60%，沿齿高应大于45%。

⑥齿轮与轴的配合为H7/m6。

⑦齿轮端面与端盖的轴向总间隙为0.05~0.10mm。

⑧齿顶与壳体的径向间隙为0.10~0.15mm。

（2）轴与轴承

①轴颈与滑动轴承径向间隙为（0.001~0.002）D（D为轴颈的直径）。

②轴颈的椭圆度为其直径公差之半，轴颈表面不得有伤痕，光洁度不低于 $\overset{0.8}{\triangledown}$。

③轴颈最大磨损量为1%D（D为轴颈的直径）。

④轴承外圆与端盖键孔配合为R6/H6。

⑤滑动轴承内孔与外圆的不同轴度不大于0.005mm。

⑥滚针轴承内套的配合为js6，外圈与镗孔的配合为K7。

⑦滚针轴承无内圈时，轴与滚针的配合应为H7/h6。

（3）端盖与壳体

①端盖。端盖表面不得有气孔、砂眼、夹渣、裂纹、伤痕等缺陷。加工表面光洁度不低于 $\overset{1.6}{\triangledown}$。

②壳体。

（a）铸造壳体加工表面不得有气孔、砂眼、夹渣等缺陷。

（b）壳体水压试验为工作压力的1.5倍，保持压力5min后降至工作压力，用0.5kg手锤轻击外壳，表面不得渗漏。

（4）轴向密封

①填料压盖与轴的径向间隙为0.4~0.5mm。

②压盖安装后，压盖端面与填料盒端面的四周间隙应相等。

③填料尺寸正确，切口平行、齐整、无松散，接口与轴心线成30°~45°。

④压装填料时，填料圈的接头必须错开，一般接口交错120°，填料不宜压装过紧。

（5）弹性联轴器

①联轴器与轴的配合选用 H7/K6。

②联轴器校正，其径向跳动不大于 0.08mm，端面跳动不大于 0.06mm。

③联轴器两端面轴向间隙为 2～4mm。

④弹性圈与柱销为过盈配合。弹性圈内、外径误差应符合表 5-5 的规定。

表 5-5　弹性圈内、外直径误差　　　　　　mm

柱销圆柱部分直径	10	14	18	24
柱销孔直径	20	28	36	46
弹性圈内径误差	$10_{-0.2}$	$14_{-0.25}$	$18_{-0.25}$	$24_{-0.30}$
弹性圈外径误差	$19_{-0.25}$	$27_{-0.30}$	$35_{-0.40}$	$45_{-0.40}$

（三）KCB-300 型齿轮泵的拆卸

KCB-300 型齿轮泵的结构见本章中的图 5-2 所示，其拆卸程序是：

（1）卸下联轴器和键。

（2）卸下压盖，取出密封组件，并卸下前盖螺塞。

（3）松开后盖与泵体的连接螺帽，在主动轴前端面垫上铜棒敲打，并使用图 5-4 所示的专用工具顶出从动轴，将主动轴、从动轴连同后盖一起从前轴承座中卸出。

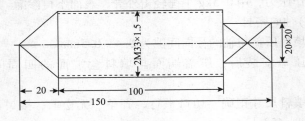

图 5-4　专用工具

（4）卸下前盖。若需继续分解，可用专用工具将主动轴和从动轴从后盖上顶出。在通常情况下齿轮和轴不应进一步分解。

（四）齿轮泵的检修

（1）边端间隙的检查与调整。齿顶与泵体壳壁、齿轮侧面与泵盖之间的间隙应尽可能小些，这样才能不致于使液体产生倒流。

KCD - 300 型齿轮泵两端面与前后止推板间的间隙要求在 0.065 ~ 0.135mm 的范围内。间隙过大，泵的缝隙泄漏增大，流量不足，严重时不抽油；间隙过小，泵的轴功率增大，齿轮端面与止推板磨损加剧，严重时泵轴转不动。因此，应当检查和调整齿轮边端间隙在适宜范围。

一般检查边端间隙的方法是：前边端间隙用压保险丝法检查；后边端间隙用塞尺测量。后边端间隙的调整方法，对于一般的人字齿轮泵，以及在后轴承外座圈与后轴承座间加垫调整，或者车削轴颈端面进行调整。对于装有调整套和锁紧螺帽的人字齿轮泵，可用调整套后面的铝箔垫，或者用调整套调整。无论何种人字齿轮泵的后轴承外座圈都用轴承盖压紧，以保证工作时齿轮不会在泵体内前后移动位置，影响边端间隙。

前边端间隙可用泵体与前轴承座之间的青壳纸垫调整。间隙过大，必须更换或修整齿轮。前轴承座与前盖的青壳纸垫，调整到既能压紧轴承座圈，又能保证密封。

（2）轴封的检修。齿轮泵的轴封通常使用软填料盘根。在选用时，其规格大小应合适。轴颈径向磨损应符合要求，填料压盖与轴间隙调整为 0.3 ~ 0.5mm。填料压盖与轴中心线应同心。填料开口应错开 120°。填料压盖松紧合适。

采用软填料盘根密封较为简单，但是密封效果不好，有时引起大量漏损，使用寿命也短。为此，可依据实际情况，适当选择合理结构、材质的机械密封。

（五）KCB - 300 型齿轮泵的装配

（1）将主、从动齿轮连同后止推板，后盖装在泵体上，拧紧泵体与后盖之连接螺帽。

（2）装上前止推板、前盖板，并拧紧连接螺帽。

（3）调整齿轮两边端间隙基本一致，用图5-4所示的专用工具调整齿轮组件在泵内的左右位置，边调整边转动主动轴。当转动灵活，无摩擦声即认为两边端间隙基本一致。

（4）装上密封组件。

（六）安全阀的检查、调整

安全阀是保证设备安全、正常运行的重要附属部件之一，当设备内部介质压力超过其允许的限定压力时，它就自动开启而排出多余的介质，当压力降到限定数值时又自动关闭，以保证设备、容器不会因超压而造成事故。

（1）安全阀的要求。

①应有足够的灵敏度，当压力达到开启压力时，应无阻碍地开启。

②在规定的排放压力下，阀瓣全开，并排放出额定的介质量。

③当压力降至关闭压力时，阀门应及时关闭，并保证密封，不得有渗漏。

（2）阀杆、弹簧及阀体的检查。

①安全阀在安装之前应对阀杆进行清洗、除锈，不准有弯曲现象。

②对弹簧和阀体要清洗、除锈，不准有裂纹等缺陷，各装配的接合面应完整无损。

③调节环应完整好用，所有零件应完整无损。

（3）安全阀的装配技术要求。阀盖与阀体轴线应同心，所有动配合的零件间应保持适当的间隙，不得有卡住或严重摩擦现象。

（4）定压试验。KCB-300型齿轮泵出厂时安全阀的控制压力为0.45MPa。安全阀拆卸后，应当重新调整控制压力，其装置如图5-5所示。

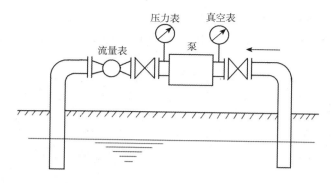

图 5-5 齿轮泵性能试验装置示意图

调整方法是：

（1）拧松安全阀调节杆，打开吸入阀和排出阀，启动齿轮泵，并使其正常运转。

（2）逐渐拧紧调节杆，逐渐关小排出阀，观察压力表读数。当排出阀完全关闭时，拧动调节杆，使压力表读数等于所要求的控制压力，拧紧安全阀调节杆上的锁紧螺母，将调节杆固定于所要求的位置即可。

（3）拧紧调节杆和关小排出阀门，均应缓慢、逐渐地进行，并应随时观察压力表的读数，不允许超过规定的控制压力。

三、齿轮泵的试车与验收

齿轮泵检修完好，必须经过试车，其目的是检验及消除意外隐患，使各部分配合运转协调。

（一）试运转前准备

（1）检查检修记录，确认检修数据正确。

（2）盘车无卡涩，填料压盖不歪斜。

（3）点动电动机确认旋转方向正确。

（4）检查液面，应符合泵的吸入高度要求。

（5）压力表、溢流阀应灵活好用。

（6）向泵内注入输送介质。

（二）试运转

（1）按操作规程，启动电动机，达到额定转速后，泵运转平稳无杂音。

（2）检查液面高度，泵的吸入高度不大于500mm。

（3）检查轴承温度，滑动轴承不高于65℃，滚动轴承不高于70℃。

（4）电流不超过额定值。

（5）流量、压力平稳，达到铭牌所规定的指标或满足生产需要。

（6）填料密封渗漏现象，轻质油不大于10滴/min，重质油不大于3滴/min。

（三）齿轮泵验收

（1）试运转各项指标达到技术要求或满足作业需要。

（2）达到《石油库设备完好标准》规定。

（3）验收时应提供以下技术资料：

①检修与验收记录；

②试运转记录；

③安全阀的定压记录；

④零部件更换记录。

验收结束后上述资料应存入设备档案。

四、齿轮泵的报废条件

凡符合下列条件之一者，可申请报废。

（1）泵体或齿轮对损坏无法修复；

（2）大修费用超过设备原值的40%；

（3）机型淘汰或配件无来源。

第六章　电动往复泵

往复泵属于容积泵的一种，它是依靠泵缸内工作容积作周期性的变化而吸入和排出液体的。往复泵主要用于高压力、小流量的场合输送黏性液体，要求精确计量、流量随压力变化较小的情况下。

第一节　往复泵的工作原理

往复泵总体上由工作机构和运动机构两大部分组成。如图6-1所示，工作机构由活塞、泵缸、吸入阀、排出阀、吸液管和排液管等组成。当活塞从左端点开始向右端点移动时，泵缸的工作容积逐渐增大，缸内压力降低形成一定的真空，这时由于排液管中压力高于泵缸内压力，所以排出阀是关闭的，泵缸内由于形成了真空，吸液池中液体在大气压力的作用下通过吸液管上升并顶开泵缸上的吸入阀而进入泵缸内，这一过程称为泵缸的吸入过程，吸入过程在活塞移动到右端点时结束。当活塞从右端点向左移动时，泵缸内的液体受到挤压压力升高，吸入阀关闭、排出阀顶开，缸内液体排出，这一过程称为泵缸的排出过程，在活塞移动到左端点时排出过程结束。活塞往复运动一次，泵缸完成一个吸入过程和排出过程，称为一个工作循环。往复泵的工作过程就是其工作循环的简单重复，泵缸左端点至右端点的距离称为活塞的行程。

往复泵的运动机构取决于原动机运动形式。如果原动机为直线往复运动，如蒸汽机，则构成直动往复泵（简称汽泵）。但目前大部分原动机为电动机、汽轮机，则需要曲柄

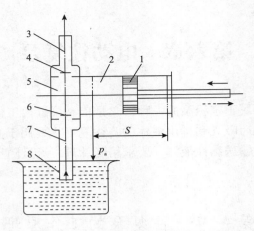

图 6-1 往复泵工作原理示意图

1—活塞；2—泵缸；3—排液管；4—排出阀；5—工作室；
6—吸入阀；7—吸液管；8—吸液池

连杆机构将曲轴的旋转运动转化为活塞的往复运动，曲轴每旋转一周，泵缸完成一个工作循环。曲柄连杆机构由曲轴、连杆、十字头、驱动机等组成。驱动机带动曲轴旋转，曲柄连杆机构在往复泵中使用很多，它具有效率高、当输送介质黏度升高时对泵效率影响不大等优点。油库中常采用双缸电动活塞往复泵输送润滑油，有时还用小型往复泵为离心泵引油灌泵，或用来抽吸底油，个别油库还在高温季节利用往复泵卸汽油。

第二节　电动往复泵的结构

卧式柱塞式电动往复泵的结构如图 6-2 所示。该泵由曲轴、连杆、十字头、柱塞、泵缸、进口阀、出口阀等组成。工作时，曲轴 4 通过连杆 5 带动十字头 8 做往复运动，十字头再带动柱塞 10 在泵缸内做往复运动，从而周期性地改变泵缸工作室的容积。

当柱塞向左运动时，进口单向阀 17 打开，液体进入泵缸；柱塞向右运动时，出口单向阀 15 打开，液体排出泵外，达到液体加压及输送的目的。

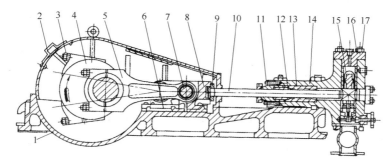

图 6-2　卧式柱塞式电动往复泵结构图

1—机座；2—罩壳；3—连接螺栓；4—曲轴；5—连杆；6—十字头压板；
7—十字头销；8—十字头；9—十字头法兰；10—柱塞；11—调节螺母；12—填料；
13—填料套；14—导向套；15—出口单向阀；16—缸盖；17—进口单向阀

第三节　电动往复泵的完好标准

一、运转正常性能良好

（1）压力平稳，流量均匀；压力能达到铭牌额定值的 90%；

（2）机械密封严密，运转时泄漏量不超过 3 滴/min；停止工作时，无泄漏；

（3）轴承润滑良好，温度不超过 70℃；

（4）盘车无轻重不匀感觉；运转平稳，无异常振动、无杂音；

（5）泵体、泵套等机件配合磨损极限符合规定要求；

（6）泵体安装水平，机组同心度良好；联轴器安装符合要求，磨损不超过极限值；

（7）泵体完整、无裂纹、无渗漏。

二、附件齐全安装正确

（1）附件安装正确；压力表、真空表等仪表齐全，指示准确，定期校验；压力表量程额定压力的 1.5 ~ 2 倍，精度不低于 1.5 级；

（2）安装方向正确、严密，其控制压力不超过工作压力的 1.1 ~ 1.2 倍，弹簧无断裂，无卡阻现象；

（3）过滤器、出入口阀门等附件齐全完好；吸入管径不小于泵的吸入口；过滤器（30 ~ 40 目）完好，流通面积应为进口面积的 10 ~ 12 倍；

（4）泵座、基础牢固，各部连接螺栓、垫片、螺母完整、紧固、满扣。

三、外观整洁维护完好

（1）泵体油漆完好、无脱落，轮（轴）无锈蚀，铭牌完好、清晰；

（2）泵体连接处无渗漏，地面无油迹；

（3）油泵编号统一，字体正规，色标清楚。

四、技术资料齐全准确

（1）有产品出厂合格证、有备履历卡片；

（2）有易损件备品，或有易损件图纸；

（3）有运行、检修、缺陷记录，内容完整，记录整齐。

第四节　电动往复泵检查与维护

一、检查维护内容

电动往复泵检查与维护内容见表 6-1。

表 6-1　电动往复泵检查与维护

检查类别	检查与维护内容
1. 日常检查	①运行中不得有异常振动和噪声 ②无异常滴漏 ③压力表示值正确、安全阀灵活好用
2. 月检查	①包括日常检查 ②检查各部轴承温度 ③检查各出口阀压力、温度 ④检查润滑油压 ⑤检查各传动部件应无松动和异常声音 ⑥检查各连接部件紧固情况，防止松动

二、检查维护周期与项目

电动往复泵检修周期与项目，见表 6-2。

表 6-2　电动往复泵检修周期与项目

检修类别	中修	大修
检修周期	4200h	8500h
检修项目	①检查进、出口阀 ②检查柱塞磨损 ③更换填料 ④检查传动机构 ⑤检查各部轴承 ⑥检查机组对中情况 ⑦检查齿轮油泵 ⑧检查计量、调节机构，校验压力表、安全阀	①泵解体检查 ②机体找水平，曲轴及缸重新找正 ③检查减速机 ④检查机身、地脚螺栓紧固情况 ⑤清洗检查油箱和过滤器

三、检查维护作业技术要求

（1）准备工作

①掌握泵的运行状况，备齐必要的图纸资料。

②备齐检修工具、量具、起重机具、配件及材料。

③切断水、电源，关闭管线进、出口阀，内部介质吹扫干净，符合安全检修条件。

（2）拆卸与检查

①拆卸联轴器，检查机组对中。

②拆卸附件及附属管线。

③拆卸十字头组件，检查十字头、十字头销轴、十字头与滑板的配合与磨损。

④拆卸曲轴箱，检查曲轴、连杆及各部轴承。

⑤拆卸进、出口阀，检查各部件及密封。

⑥拆卸工作缸，检查缸与柱塞的磨损与缺陷。

⑦拆卸减速机盖，检查轴承与齿轮。

⑧拆卸齿轮油泵，检查齿轮啮合情况。

⑨检查地脚螺栓。

四、检查维护质量标准

（一）缸体

①缸体应无伤痕和沟槽。

②缸体内径的圆度、圆柱度公差值为 0.04mm。

③缸体内有轻微拉毛和擦伤时，需研磨修复，伤痕严重时应镗缸处理，后内径增大值要小于原尺寸的 2%，表面粗糙度为 $\sqrt{\dfrac{1.6}{}}$。

④必要时对缸体进行水压试验，试验压力为操作压力的 1.25 倍。

（二）曲轴

（1）曲轴的安装水平度公差值为 0.05mm/m。

（2）曲轴的主轴颈、曲轴颈的圆柱度公差值见表 6-3，表面粗糙度为 $\sqrt{\dfrac{0.8}{}}$。

表 6-3　轴颈的圆柱度公差

| 轴颈直径/mm | 主轴颈、曲轴颈圆柱度/mm | |
	公差值	极限值
< 80	0.015	0.05
80～180	0.020	0.10
> 180	0.025	0.10

（3）主轴径圆跳动为 0.04mm，主轴径与曲轴径的中心平行度公差为 0.02mm/m。

（4）曲轴中心线与缸体中心线垂直度公差值为 0.15mm/m。

（5）曲轴轴向窜量见表 6-4。

表 6-4　曲轴轴向窜量

轴径/mm	≤150	>150
轴向窜量/mm	0.20～0.40	0.40～0.80

（6）主轴径、曲轴径擦伤凹痕面积不大于轴径面积的 2%，轴径上的沟痕不大于 0.10mm，轴径减少值不大于原轴径的 3%。

（7）曲轴不得有裂纹等缺陷，必要时进行无损探伤。

（三）连杆

（1）连杆两孔中心线平行度公差值为 0.02mm/m。

（2）连杆小头为球面时，圆度公差值为 0.03mm，表面粗糙度为 $\overset{1.8}{\triangledown}$。

（3）连杆不得有裂纹等缺陷，必要时应间隙无损探伤。

（四）十字头、滑板

（1）十字头体用放大镜检查，不得有裂纹等缺陷。

（2）十字头销轴的圆度公差值为 0.02mm，表面粗糙度为 $\overset{0.8}{\triangledown}$。

（3）十字头销轴与十字头两端销轴孔用着色法检查，接触应良好。

（4）连杆小头为球面时，球面垫的球面应光滑无凸痕，球面垫与连杆小头的间隙值为 H8/e7。

(5)十字头滑板与导轨的间隙为十字头直径的 1‰ ~ 2‰，最大磨损间隙为 0.50mm。十字头滑板与导轨接触均匀，用着色法检查，接触点每平方厘米不少于 2 点。

(6)滑板螺栓不得松动。

(7)导轨水平度不大于 0.05mm。

(五)柱塞

(1)柱塞表面应无裂纹、沟痕、毛刺等缺陷，表面粗糙度为 $\overset{0.8}{\triangledown}$。

(2)柱塞的圆柱度公差值为 0.05mm。

(3)柱塞与导向套配合间隙值为 H9/f9。

(4)导向套的内孔、外径的圆柱度公差值为 0.10mm。

(5)导向套内孔轴承合金层不允许有脱壳现象，局部缺陷允许用同种材料补焊修复。表面粗糙度为 $\overset{1.6}{\triangledown}$。

(六)进、出口阀

(1)进、出口阀的阀座与阀芯密封工作面不得有沟痕、腐蚀、麻点等缺陷，环向接触线不间断，组装后煤油试 5min 不渗漏。

(2)检查弹簧，若有折断或弹力降低时，应更换。

(3)阀片的升程应符合技术要求。

(4)阀装在缸体上必须牢固、紧密，不得有松动泄漏现象。

(七)轴承

(1)滑动轴承

①轴承合金应与瓦壳结合良好，不得有裂纹、气孔和脱壳现象。

②轴与轴衬的接触面在轴颈正下方 60° ~ 90°，连杆瓦在受力方向 60° ~ 75°，用涂色法检查，接触点每平方厘米不少于 2 点。

③轴衬衬背应与轴承座、连杆瓦座均匀贴合，用涂色法检查，接触面不少于总面积的 70%。

④各部滑动轴承配合径向间隙见表6-5。

表6-5 各部滑动轴承径向间隙

部位名称	径向间隙/mm
主轴轴衬	$(1\sim2)d/1000$
曲轴轴衬	$(1\sim1.5)d/1000$
连杆小头轴衬	$0.05\sim0.10$

注：d 为轴颈直径。

（2）滚动轴承

①滚动轴承的滚子与滚道表面应无坑痕和斑点，转动自如，无杂音。

②轴与轴承的配合为 H7/K6。

③滚动轴承在热装时严禁用直接火焰加热。

（八）填料密封

（1）压盖紧固螺栓的松紧程度均匀一致。

（2）压盖压入填料箱深度一般为一圈的高度，但最小不能小于5mm。

（3）填料的切口应平行、整齐，装填料时接头应错开120°~180°。

（九）电动机与减速机、减速机与泵的同心度公差值

电动机与减速机、减速机与泵的同心度公差值见表6-6。

表6-6 减速机与泵的同心度

联轴器名称	联轴器外径/mm	径向圆跳动/mm	端面圆跳动/mm	端面间隙/mm
弹性柱销轴铺	$100\sim190$	0.05	0.14	2~5
	$>190\sim260$		0.16	
	$>260\sim350$	0.10	0.18	2~8
	$>350\sim500$		0.20	
齿轮联轴器	$150\sim300$	0.15	0.30	
	$>300\sim600$	0.20	0.40	

五、电往复泵试运转

（一）泵试运转前应符合下列要求

（1）地脚螺栓、动力端、十字头连杆螺栓、轴承盖等各连接部位连接应紧固，不得松动。

（2）驱动机的转向应与泵的要求相符。

（3）仪表应灵敏，电器设备和超压保护装置等均应调整正确。

（4）润滑、冷却、冲洗等系统的管道连接应正确，并应冲洗洁净保持畅通。

（5）加注润滑剂的规格和数量应符合设备技术文件的规定。

（6）盘动曲轴应无卡阻现象。

（7）安全阀的开启压力应调整至额定压力的 1.05～1.25 倍；其排放压力不应大于开启压力的 1.1 倍。

（二）泵启动时应符合下列要求

（1）输送高温液体的泵应按设备技术文件的规定进行预热。

（2）吸、排管路阀门应全开。

（3）高压泵应先启动润滑油泵和高压注油器电动机，正常后方可启动主机。

（三）泵试运转时应符合下列要求

（1）空负荷试运转时间不应小于 0.5h。

（2）泵的负荷试运转应在空负荷试运转合格后，按额定压差值的 25%、50%、75%、100% 逐级升压，在每一级排出压力下运转时间不应小于 15min；最后，应在额定压差值和最大泵速的情况下运转 2h；前一压力级运转未合格，不得进行后一压力级的运转。

（3）溢流阀、补油阀、放气阀等工作应灵敏、可靠。

（4）安全阀应在逐渐关闭排出管路阀门、提高排出压力情况下，试验阀的起跳压力，其试验不应少于 3 次，动作应正确、无误。

（5）吸液和排液压力应正常；泵的出口压力应无异常脉动。

（6）运转中应无异常声响和振动。

（7）泵的润滑油压及油位应在规定范围内；机动往复泵油池的油温不应高于 70℃；

（8）轴承的温度应符合本规程的有关规定；十字头导轨、填函不得过热。

（9）工作介质为水或乳化液时，填料函的泄漏量不应大于泵额定流量的 0.01%；当泵额定流量小于 $10m^3/h$ 时，其填料函的泄漏量不应大于 $1mL/h$。

（10）停车应将泵的负荷卸载后进行。

六、验收

（1）在工作压力下试运转的各项技术指标达到设计要求或能满足生产要求。

（2）设备达到完好标准规定。

（3）检修记录、试运转记录、零部件更换记录安全，并按规定办理验收手续。

七、报废条件

凡符合下列条件之一者，可予报废：

（1）泵体损坏、无法修复；

（2）修理费用超过设备原值的 50%；

（3）机型淘汰、配件无来源。

第五节　电动往复泵的故障及排除

电动往复泵常见故障及排除方法见表 6-7。

表6-7　电动往复泵常见故障及排除方法

故障现象	产生原因	排除方法
1. 流量不足或输出压力太低	吸入管道阀门稍有关闭或阻塞、过滤器堵塞	打开阀门、检查吸入管和过滤器
	阀接触面损坏或阀面上有杂物，使阀面密合不严	检查阀的严密性，必要时更换阀座
	柱塞填料泄漏	更换填料或拧紧填料压盖
2. 阀有剧烈敲击声	阀的升起过高	检查并清洗阀门升起高度
3. 压力波动	安全阀导向阀工作不正常	调校安全阀，检查、清理导向阀
	管道系统漏气	处理漏点
4. 异常响声或振动	泵轴与驱动机同心度不好	重新找正
	轴弯曲	校直轴或更换新轴
	轴承损坏或间隙过大	更换轴承
	地脚螺栓松动	紧固地脚螺栓
5. 轴承温度过高	轴承内有杂物	清除杂物
	润滑油质量或油量不符合要求	更换润滑油、调整油量
	轴承装配质量不好	重新装配
	泵和驱动机对中不好	重新找正
6. 密封泄漏	填料磨损严重	更换填料
	填料老化	更换填料
	柱塞磨损	更换柱塞

第七章 液压潜油泵

第一节 液压潜油泵的工作原理

液动潜油泵主要用于卸油槽车使用，它是由电动机带动液压泵旋转把电能转换成液压能，再由液压马达将液压能转换成机械能而作功的(高压油液驱动马达旋转，并带动潜油泵叶轮转动作功)。

第二节 液压潜油泵的结构

常见液压潜油泵的主体结构都比较类似，由卸油主泵、液压油站、操纵控制系统和液压管路等组成，见图7-1。

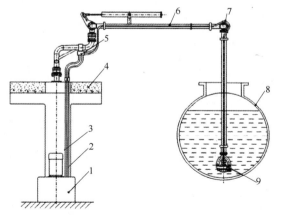

图7-1 液压潜油泵主体结构示意图

1—液压站；2—压油管；3—回油管；4—栈桥；5—操纵元件；
6—鹤管；7—胶管；8—槽车；9—潜油泵

液压潜油泵的卸油主泵为立式、单级、单离心泵，如图 7-2 所示。泵从轴向吸入轴向排出，吸入口和排出口中心线在同一轴线上，泵出口法兰与鹤管法兰连接，泵采用双涡壳结构来平衡泵运行产生的径向力。泵的叶轮安装在叶片马达的加长轴上，确保泵的运行平稳、可靠。

液压油站由防爆电机、液压油泵、储油箱、滤油器、粗过滤网和管路系统组成，见图 7-3。该站为全密封型，安装位置在Ⅱ类防爆区域(栈桥底或其他相邻区域)。立式防爆电机安装在储油箱上，电机采用爪形弹性联轴器与液压油泵连接，液压油泵浸没在液压油中工作，液压油泵吸入口处安装有滤油器，出口采用无缝钢管与液压管路系统相连。液压油泵吸入口设有两道过滤，第一道为粗过滤，第二道为精过滤。

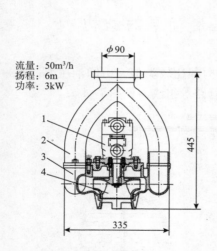

流量：50m³/h
扬程：6m
功率：3kW

φ90

445

335

图 7-2 液压潜油泵主泵
结构示意图
1—马达；2—输油管；
3—泵体；4—离心叶轮

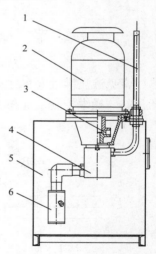

图 7-3 液压油站的结构示意图
1—液压油管；2—防爆电机；
3—爪型联轴器；4—油泵
5—油箱；6—滤油器

液压操纵控制系统由集成阀体、阀芯、操纵手柄、溢流(安全)阀和连接三通等组成，见图 7-4。当逆时针转动操纵手柄，阀芯后退打开阀体内进出油口的连通孔，即打开阀体内流使阀处于打开状态，这时液压油泵输出的高压油液直接在阀处回流至油箱，马达不工作。当顺时针转动操纵手柄，阀芯前移堵截阀体内进出油口的连通孔，即关闭阀体内流，液压油泵输出的高压油液通过三通全部输送至马达，这时马达卸油主泵处于最高的转速状态。阀体高压腔处有一孔直接与溢流阀相连接，如发生过载，溢流阀马上打开与阀体的出油口接通并卸载，防止发生事故。由于该液压系统用的液压油泵、液压马达都是定量泵和马达，当液压油泵的转速一定时，排出的流量也一定。液压马达的转速由液压操纵集成阀系统决定，当需要调节马达的转速时，可通过转动操纵手柄改变输入马达的液流量来实现。

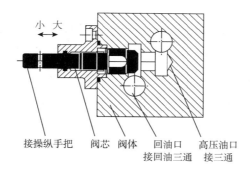

图7-4　液压操纵集成阀结构示意图

第三节　液压潜油泵的完好标准

一、运转正常性能良好

（1）压力平稳，流量均匀；压力能达到铭牌额定值的90%；

（2）机械密封严密，运转时泄漏量不超过3滴/min；停止工作时，无泄漏；

（3）轴承润滑良好，温度不超过70℃；

（4）盘车无轻重不匀感觉；运转平稳，无异常振动、无杂音；

（5）泵体、泵套等机件配合磨损极限符合规定要求；

（6）泵体完整、无裂纹、无渗漏。

二、外观整洁维护完好

（1）泵体油漆完好、无脱落，铭牌完好、清晰；

（2）泵体连接处无渗漏，地面无油迹；

（3）油泵编号统一，字体正规，色标清楚。

三、技术资料齐全准确

（1）有产品出厂合格证、有履历卡片；

（2）有易损件备品，或有易损件图纸；

（3）有运行、检修、缺陷记录，内容完整，记录整齐。

第四节　液压潜油泵的检查维护

一、液压潜油泵各种检查

液压潜油泵各种检查内容见表7-1。

表7-1　液压潜油泵各种检查内容

检查类别	检查内容
1. 日检查	①工作中液压潜油泵的振动、噪声情况是否正常 ②液压潜泵连接是否有异常 ③液压潜泵的壳体是否有损坏
2. 周检查	①包括日检内容 ②检查工作中液压潜油泵的壳体油箱油温是否正常 ③检查液压潜油泵的油箱内的液压油是否充足，是否有杂质 ④检查液压潜油泵及液压马达工作是否正常 ⑤系统压力是否正常

检查类别	检查内容
3. 半年检查	①检查液压潜油泵液压站各路及各元件有无泄漏现象 ②检查液压潜油泵机械密封是否损坏 ③检查和调整液流阀，使压力保持并不得超过最高工作压力
4. 年度检查	①检查液压潜油泵马达内部及外露部分是否有锈蚀，必要时涂防锈油、脂 ②检查液压潜油泵油箱内的过滤器及滤油器是否损坏，清洗液压潜油泵油箱内的过滤器及滤油器 ③检查液压潜油泵轴承是否磨损严重 ④检查液压潜油泵内部是否有断裂处 ⑤检查液压潜油泵与电动机的连接情况

二、液压潜油泵检查维护要求

（1）日常定期维护和保养。液压潜油泵装置的所有设备，应确保机组的清洁，并应注意安全操作。

（2）机组工作时应注意振动、噪声、温升等是否正常，特别是环境温度较高，应密切注视并检查油箱内的油温与电动机的温升，运转时电动机轴承温升一般不得超过70℃。

（3）要定期清洗油箱内的过滤器与滤油器，如发现过滤器与滤油器有破损现象，应及时更换。

（4）根据使用的频度定期检查油箱内的液压油，若油液不足应及时补充。液压油不清洁，发现有杂质、水分等污染应立即处理或更换。

（5）液压潜油泵如不使用，或较长时间停用，应在马达内部注入防锈油，外露部分涂防锈油脂，并妥善保存。

（6）在寒冷季节，尤其在室外的设备，停车后应立即做好防冻工作，以防结冰冻裂。

（7）在使用中发现下列情况时，应立即停车：

①电动机烧坏或其中某一相短路，电流偏大或机组发出不

正常的响声。

②机组产生异味或轴承等烧坏。

（8）操作中注意事项：切忌槽车内没有液体，卸油主泵长时间空转，会造成摩擦副温度升高而烧坏密封。

（9）检查系统是否有泄漏。

第五节　液压潜油泵的故障及排除

液压潜油泵的故障分析与排除方法见表 7-2。

表 7-2　液压潜油泵的故障分析与排除方法

故障现象	故障原因	故障排除方法
1. 泵不出油	溢流阀控制系统失效或泄漏，油压无法上升	清洗溢流阀或更换
	压油管，溢流阀等液压元件泄漏	查明泄漏原因、堵漏或更换
	滤油器堵塞或油液冷凝	清洗或更换
	液压油泵或吸入口有空气	排尽空气
	装置扬程太高不能压出	降低装置扬程
	扫舱泵进油口堵塞	清除堵塞物
	卸油泵大叶轮吸到液面	关机后向上提高一点再开机
	叶轮反转或停转	改变电动机转向或查明停转原因
	叶轮停转或卡住	查明原因、清理异物
2. 泵出油量少	泵流道堵塞	清除堵塞物
	液压元件泄漏，工作油压下降	堵漏或更换元件
	滤油器堵塞	清洗或更换

故障现象	故障原因	故障排除方法
2. 泵出油量少	卸油主泵密封泄漏	更换密封
	液压油泵，液压马达磨损	更换油泵及马达
	装置扬程太高	降低装置
3. 扫舱后存油多	旋涡泵端面间隙太大	调整
	旋涡泵体与叶轮磨损	调整或更换
	旋涡泵端盖处密封不好	检修密封

第八章　水环式真空泵

第一节　水环式真空泵的工作原理

水环式真空泵是用来给离心泵及其吸入系统抽真空引油、抽吸油罐车底油的。在固定油库中，常用的水环式真空泵主要有 SZ（原 PMK）型和 SZB（原 KBH）型。虽然它们的结构型式有所不同，但工作原理是相同的。

现以图 8-1 为例，分析水环式真空泵的工作原理。

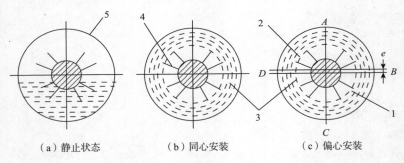

图 8-1　水环式真空泵的工作原理
1—吸气孔；2—排气孔；3—水环；4—叶轮；5—泵体

图 8-1(a) 是叶轮处于静止状态，水存于泵腔的下部。

图 8-1(b) 是叶轮和真空泵腔体同心安装。叶轮旋转时，由于离心力的作用，水被甩向四周，形成等厚度的水环，泵腔内也形成等半径的环形空间。若叶片的数目为 12，环形空间被分成 12 个等容积的部分。叶轮在运转过程中，其容积不发生变化，在空腔中的气体不会扩展或压缩。

图 8-1(c) 是叶轮偏心地安装在泵体内（设偏心距为 e）。当

叶轮旋转时，叶片拨动泵内液体旋转，此时所形成的水环仍然是等厚度的，这是因为水环的形成是由于离心力的作用，而与偏心无关。但由于偏心安装不能形成等半径的空腔，叶轮轮毂和水环之间形成了一个月牙形空腔。空腔被叶轮的 12 个叶片分成 12 个容积不等的小空腔。每个小空腔的容积随着叶轮的旋转而逐渐变化。

在由 *A*→*B*→*C* 顺序运转的前 180° 中，由于水环内表面逐渐脱离轮毂，小空腔渐渐由小变大，空腔内的气体压力逐渐下降，形成真空，吸进气体。

在由 *C*→*D*→*A* 顺序运转的后 180° 过程中，水环内表面逐渐向轮毂逼近，其小空腔的容积逐渐由大变小，空腔内的气体被压缩，压力逐渐升高，气体从排出口排出。叶轮每旋转一周，轮毂与水环内表面之间的空腔，都经过由小变大，再由大变小的过程，从而达到吸气和排气的作用。

在水环泵中，液体随着叶轮而旋转，相对于叶轮轮毂作径向往复运动。在由 *A*→*B*→*C* 顺序的运转过程中，叶轮把能量传递给水，使其动能增加。当水从叶片端甩出时，达到叶轮切线速度的水就在泵腔内回转；在由 *C*→*D*→*A* 的运转过程中，空腔容积逐渐变小，甩出的水重新进入叶轮内，其速度开始下降，被吸进的气体受压缩，液体的动能逐渐转化为压力能，转化后的压力能又传递给气体，使气体获得能量，这就是在水环泵内能量转换的过程。

由于水环式真空泵是利用空腔的容积变化而达到吸气、排气的，因此它属于容积泵的类型。在工作中为了保证容积的不断变化，各个叶片间必须互不连通，要求叶轮两端面与泵盖、泵壳之间的间隙要适宜。若间隙太大，抽真空的能力大大降低，严重时不能抽气；若间隙太小，叶轮加速磨损，容易发热。

第二节　水环式真空泵的结构

一、SZB 型水环式真空泵的结构

SZB 型泵是悬臂式水环真空泵，可供抽吸空气或其他无腐蚀性、不溶于水的、不含固体颗粒的气体。最高真空度可达85%，适合作离心泵吸入系统抽真空引油使用。

SZB 型水环式真空泵有 SZB－4 和 SZB－8 两种，其结构如图 8-2 所示。

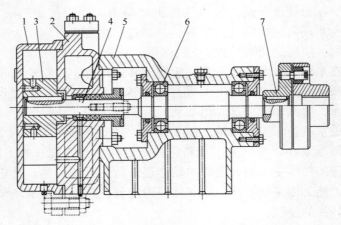

图 8-2　SZB 型水环式真空泵的结构

1—泵盖；2—泵体；3—叶轮；4—轴；5—托架；6—球轴承；7—弹性联轴

（1）泵体。泵体、泵盖由铸铁制造，它们配合在一起构成了工作室。泵盖上铸有箭头，指明泵叶轮的旋转方向。泵盖下方有一个四方螺塞是停泵时放水用的。泵体由螺栓紧固在托架上。泵体上面的两个与工作室相通孔，从传动方向看，左侧为进气孔，右侧为排气孔。泵体侧面螺丝孔是向泵内补充冷水用的。底部两个四方螺塞是停泵后，放水使用的。泵体上有液封道，将水环的有压液体引至填料环处，起阻气、冷却和润滑作用。

（2）叶轮。叶轮用铸铁制造。叶轮上有呈放射状均匀分布的12个叶片。轮毂上的小孔是用来平衡轴向力的。叶轮与轴用键连接，工作时叶轮可以沿轴向滑动，自动调整间隙。

（3）轴。泵轴用优质碳素钢制造，支撑在两个单列向心球轴承上。轴承间有空腔，可存机油润滑。泵轴与泵体间用填料装置密封。

（4）从传动方向看，泵轴为逆时针方向转动。

二、SZ 型水环式真空泵的结构

SZ 型水环式真空泵除作真空泵外，还可作压缩机，用于抽吸或压缩空气及其他无腐蚀性、不溶于水、不含有固体颗粒的气体。气体温度在 $-20 \sim +40℃$ 时使用为宜。在油库中，SZ 型水环式真空泵可以兼作真空泵和压缩机使用。即在为离心泵吸入系统抽真空引油、抽吸油罐车底油的同时，提供一定压力的压缩空气供需要压缩空气的场合应用，例如，夏天用上卸法卸油时，为防止汽阻而采用的压力卸油法等。

SZ 型水环式真空泵作为真空泵使用时，最大真空度为 $84\% \sim 93\%$；作为压缩机使用时，SZ-1 和 SZ-2 型真空泵所能达到的最高压力为 $98100 \sim 137340Pa$；SZ-3 和 SZ-4 所能达到的最高压力为 $206010Pa$。通常使用的最高压力以 $147150Pa$ 为宜。

SZ 型泵共有 4 种型号，SZ-1 和 SZ-2 型泵的结构见图 8-3。

（一）泵体

泵体、吸入盖和排出盖用铸铁制造。它们之间用螺栓紧固后构成了泵的工作室。在吸入盖的内侧壁开有吸气口，与吸气管连通。在排出盖的内侧壁开有排气口，与排气管连通。真空泵工作时，由吸入盖单向吸气，由排出盖单向排气。为了避免泵内工作时压力过高，在排出盖的出口下方有几个小孔，让气体提早排出。真空泵工作时，泵内的水会发热，有少量的水随

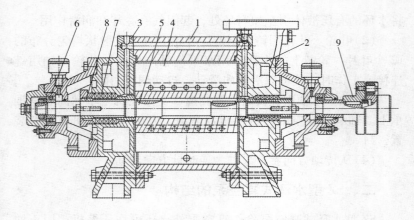

图 8-3　SZ-1 和 SZ-2 真空泵的结构

1—泵体；2—吸入盖；3—排出盖；4—叶轮；
5—泵轴；6—球轴承；7—填料；8—轴套；9—弹性联轴器

同气体一起排出。因此，在泵体左侧下方（从传动方向看）有一个螺孔，与供水管接通，适时向泵内补充冷水，并起冷却作用。吸入盖和排出盖上方各有一个螺孔，并有通道通至泵轴处，两通道与泵体上方通道连通。工作时，由吸入盖或排出盖中的一个螺孔通入水，对叶轮两端面与泵盖间的间隙和填料函起密封作用。水进入泵后，补充到水环中去。

（二）叶轮

叶轮用键与泵轴相连接，偏心安装于泵体内。叶轮的两端用轴套锁紧。工作时，叶轮与泵轴不能有任何相对滑动。叶轮由轮毂和叶片组成，叶片与轮毂间一般用紧配合。

（三）轴承

轴承架用螺钉固定于泵盖上。泵轴支撑在二个单列向心球轴承（型号 306）上。轴承内座圈的一边靠轴肩，另一边用锁紧螺帽锁紧（排出端）；吸入端的轴套、联轴器用联轴器锁紧螺帽锁紧，排出端轴承的外座圈用轴承盖压紧，从而保证泵轴在工作时不产生轴向移动。轴承用润滑脂润滑。

（四）轴

泵轴穿过泵盖处用填料密封，防止外界空气进入泵内和泵内气体漏出泵。为了提高密封效果，从泵盖上部通道引入水进行"水封"，并对填料与泵轴的摩擦面起冷却和润滑作用。

（五）SZ－3 和 SZ－4 型水环式真空泵的结构

SZ－3 和 SZ－4 型水环式真空泵的结构与 SZ－1 和 SZ－2 型水环式真空泵基本相同。其不同之处是 SZ－3 和 SZ－4 型泵的前盖、后盖上均开有吸气和排气口，分别与吸气管和排气管相连。工作时，从叶轮两侧同时吸气和排气。它是属于轴向双吸式，而 SZ－1 和 SZ－2 型真空泵则属轴向单吸式的。

SZ－3 和 SZ－4 型泵的叶轮是整体铸造的。填料和叶轮端面间隙的水封管从外部引进。SZ－3 型泵的轴承用 312 型，而 SZ－4型泵轴承的型号是 313 型。

三、辅助装置

水环式真空泵在使用中与真空罐、水箱等辅助装置及一系列管构成一个系统。SZB 型和 SZ 型泵的辅助装置示意图分别如图 8-4 和图 8-5 所示。

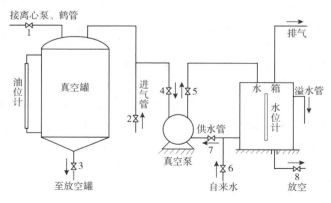

图 8-4　SZB 型水环式真空泵的辅助装置

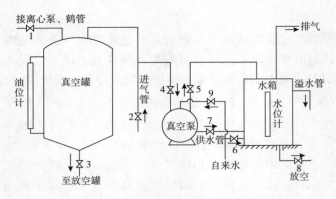

图 8-5 SZ 型水环式真空泵的辅助装置

（一）真空罐

油库中，水环式真空泵一般用来为离心泵及其吸入系统抽真空引油，以及抽吸油罐车、油船或油驳中的底油。真空泵在抽气或抽底油时不是直接进行的，而是经过真空罐，其目的：一是防止油进入到真空泵中，二是因为真空泵不适宜抽液体。

离心泵及其吸入系统用真空管线与真空罐连通。工作时，真空泵首先将真空罐内抽至一定真空度后，打开真空管线上的阀门，即可将离心泵及其吸入系统中的空气抽净（空气被抽走的同时，油罐车中的油品在大气压力的作用下进入离心泵）；也可将油罐中的底油抽至真空罐中。

真空罐容积的选择应当考虑底油的数量和真空泵的抽油速度。以 50t 轻油罐车为例，若底油高度 50mm，每辆油罐车的底油量为 250L 左右；若底油高度 100mm，底油量可达 6807L 左右。当油罐车较多，收油任务紧时，若真空罐的容积太小，放空次数频繁，影响抽底油速度。接收油船或油驳来油时，由于油舱面积大，底油数量多，宜采用较大的真空罐，如 10m³ 的真空罐。真空罐容积还应与所用真空泵相适应。否则，真空罐的容积大而真空泵的排气量小，将真空罐内抽至所需真空度的时间过长，影响收油速度。

真空罐抽吸底油时，当油面高度达到 2/3 左右时，必须将真空罐内的油品放空，然后再重新抽真空。

（二）水箱

水箱实际上是汽水分离器，其作用：一是在开泵前，通过供水管向泵内灌泵；二是在运转时通过供水管向泵内补充液体，并起冷却作用；三是泵排气管排出的带有水分的气体，在水箱上部分离，气体从排气口排出，水回收至水箱中，以减少水的消耗量。

水箱通常由自来水或水池供水，为控制水箱液面保持一定高度，水箱上装有溢水管。溢水管的位置应保证泵在运转中，水箱中液面高度（位能）足以向泵内补充液体。

水箱上部排气管的出口不宜设在泵房窗户附近，一般应高于泵房顶部，因为排出的气体中含有油气。当用真空罐抽吸汽油时，真空罐的空间充满浓度很大的油气。油气被吸入泵后排到水箱中，然后从排气管排出。大量油气排进大气中既是一种浪费，又污染了大气，并增加了火灾的危险。如果将排气管安装于冷却水池里，排气管中的油气就会被冷却而凝结回收。据使用这种装置油库统计，每抽吸一辆油罐车底油，可回收汽油 5kg 左右。

SZ 型水环式真空泵为了密封填料、叶轮端面与泵盖间的间隙，还应从泵盖上的螺孔通入水。

SZ 型水环式真空泵作为压缩机使用时，除了电机功率较大外，还应配汽水分离器。分离器的尺寸：SZ-1 和 SZ-2 型水环式真空泵配直径 500mm，高度 750mm 的汽水分离器；SZ-3 和 SZ-4 型水环式真空泵配直径 650mm，高度 1000mm 左右。

在油库中，水环式真空泵如果只作为真空泵使用，水箱可用薄钢板焊制。水箱容积应适当，SZ 型真空泵的水箱可参照上述尺寸焊制，SZB 型真空泵的水箱可比 SZ-1 型真空泵水箱略小。

第三节　水环真空泵的完好标准

一、运转正常性能良好

（1）压力平稳，排气量和真空度能达到铭牌额定值的90%；

（2）填料不宜压得过紧，正常情况下，从填料函中漏出来的水成细水线状或成滴状；

（3）供水量和冷却程度适当；泵体不过热，出水温度不超过40℃；轴承温升不超过80℃；

（4）盘车无轻重不匀感觉；运转平稳，无杂音，无异常振动；

（5）叶轮与泵壳或端盖无摩擦，间隙适当，一般不超过0.1~0.15mm，最大不超过0.5mm；

（6）泵体、叶轮、轴承、联轴器等装配合适，磨损不超过极限规定值；

（7）泵体完整、无裂纹、无渗漏。

二、附件齐全安装正确

（1）压力表、真空表等仪表齐全，指示准确，定期校验；压力表量程为额定量程的2倍，精度不低于1.5级；

（2）真空罐负压试验合格；水、气、油系统不渗不漏；

（3）进气（排气）管、进水（回水、溢水）管、油管、真空罐、水箱、真空表等附件装配齐全，位置正确；

（4）泵座、基础牢固，各部连接螺栓、垫片、螺母齐整、紧固、满扣。

三、外观整洁维护完好

（1）泵体油漆完好、无脱落，轮（轴）无锈蚀，铭牌完好、清晰；

（2）泵体连接处无渗漏，地面无油迹；

（3）油泵编号统一，字体正规，色标清楚。

四、技术资料齐全准确

（1）有产品出厂合格证、有备履历卡片；

（2）有易损件备品，或有易损件图纸；

（3）有运行、检修、缺陷记录，内容完整，记录整齐。

第四节　水环式真空泵的操作使用

水环式真空泵的操作使用借助图8-4和图8-5予以说明。

一、灌泵

打开供水管阀7和自来水供水阀6，向水箱灌装水，溢水管出水时关闭阀6。对SZ型真空泵还应打开水封管上的阀9。

二、开泵和运转

（1）关闭阀1、2、3，打开阀4、5后即可开泵。

（2）开泵后，真空泵将真空罐中的空气抽走。待真空罐内达到一定真空度后，打开阀1与离心泵连通的真空管线上的有关阀门，即可对离心泵及其吸入系统抽真空引油，离心泵灌泵完毕后，关闭阀1和有关阀门。

（3）用来抽油罐车底油时，在真空罐内达到一定真空度后，打开阀1与真空罐抽底油系统之间的阀门，将油罐车中的底油抽入真空罐内；当真空罐中油面到一定高度后（油面不能太高，防止油被抽进真空泵内），打开空气阀2和放油阀3，将真空罐中油品放入放空罐。

三、运转中的维护

（1）经常观察电压表和电流表读数是否正常，泵机组运转是否稳定。

（2）循环水量要适当，注意调节供水阀6和回水阀7的开启度，使泵在满足要求的前提下，功率消耗和自来水用量最少。从泵内流出的水的温度不应超过40℃。

（3）调节水封管阀门9的开启度，在保证填料函密封的条件下，使水量消耗最小。按要求，供水量应充分，供水压力一般为50～100kPa。

（4）注意填料的松紧度，填料不能压得过紧，也不能过松，以水能成滴状漏出为宜。

（5）轴承温度不宜过高，一般不能比周围温度高出35℃，温度绝对值不能高于70℃。温度过高时应检查原因，适时补充润滑脂。

（6）用水环式真空泵卸油罐车底油，当气温较低以及罐车底部有水时，应防止真空罐的放油管内结冰堵塞。

四、停泵

（1）打开阀2，关闭阀4、5后再停泵。其原因是防止泵内液体被吸进真空罐中。

（2）停泵后，停止向泵内供水，关闭阀6、9和7。

（3）停泵时间较长时，应将泵内和水箱内的水放净。严寒地区冬季短时间停泵也应注意防止泵和水箱内的水冻结。必要时可用轻柴油或防冻液代替水作为工作液。

第五节　水环式真空泵故障及排除

水环式真空泵常见故障及排除见表8-1。

表 8-1　真空系常见故障及排除

故障现象	故障原因	排除方法
1. 泵不抽气	泵内没有水或水量不够	向泵内灌水
	叶轮与泵体、泵盖的间隙太小	调整间隙或更换叶轮
	填料漏气	压紧填料（对 SZ 型泵增加水量，即开大阀门开启度）
2. 真空度不够	管道密封不严，有漏气处	检修管道
	填料漏气	压紧或更换填料，增加水封量
	叶轮与泵体、泵盖之间间隙增大	调整间隙
	水温过高	增加水量，降低水温
	供水量太小	增大泵内供水量，若因供水管堵塞，应予以疏通
3. 泵在工作中有噪声和振动	泵内零件损坏或有固体进入	检查泵内情况，清除杂物
	电动机轴承或轴磨损	检查电动机轴承或轴
	泵与电动机轴中心没有校正好	校正轴中心线
4. 轴功率过大	泵内水过多	减小供水量
	叶轮与泵体或泵盖间隙太小，发生摩擦	调整间隙
5. 泵发热	供水量不足或水温过高	增加供水量
	填料过紧	调整
	叶轮与泵体或泵盖间隙太小	调整间隙
	零件装配不正确	重新正确装配
	轴弯曲	检查校正

第六节　水环式真空泵的维护与检修

一、水环式真空泵的维护

水环式真空泵的结构简单，制造容易，使用可靠，检修方便，其维护有以下几点。

（1）经常观察各种检测仪表的读数是否正常，特别是转速和轴功率是否稳定。

（2）定期压紧填料，如填料磨损不能保证密封时应及时更换。填料不宜压得过紧，正常情况下应是从填料函中漏出来的水成细水线状或滴状。注入填料函中的水应充分，SZ 型水环式真空泵的供水压强为 50 ~100kPa。

（3）轴承温度不得比周围温度高 30℃，并且温度绝对值不高于 60℃。

（4）滚动轴承室内压入钙基润滑脂，以轴承室内空间的充满度 2/3 为宜。正常工作的轴承应每年装油 3 ~4 次，一年内至少清洗轴承一次，更换全部的润滑脂。

（5）注意水环补充水的供给情况，从泵内流出的水的温度不应超过 40℃。

（6）冬季停用时，应注意将泵内及水箱内的水放尽，以免冻裂设备，或者使用防冻液代替水。

（7）一般情况下，在泵运转一年后应全部拆开，检查零件的磨损腐蚀情况，但检修期的长短亦可视具体情况而定。

二、水环式真空泵的检修

（一）检修周期与检修项目

检修周期与检修项目见表 8-2。

表8－2　检修周期与检修项目

检修类别	小　修	中　修
1. 检修周期	1500～2000h	8500h
2. 检修项目	①检查、紧固各部连接螺栓 ②检查密封装置，更换填料 ③检查联轴器，更换弹性橡胶圈，校核联轴器的不同轴度 ④检查轴承，更换润滑油（脂） ⑤清洗、检查循环水系统	①包括小修内容 ②解体检查各部零件的磨损、腐蚀程度，检查或更换各个零件 ③检查或校正轴的不直度 ④检查转子的晃动情况，校验转子的静平衡 ⑤更换滚动轴承的润滑油 ⑥检查调整轴套两端与前盖、后盖的间隙 ⑦更换叶轮、轴套 ⑧调整泵体水平度 ⑨检验真空度

（二）检修质量要求

（1）壳体和泵体盖。壳体和泵体盖不得有裂纹或大面积砂眼等缺陷。

（2）主轴和叶轮。

①主轴不应有裂纹等缺陷。

②主轴与滚动轴承的配合采用 H7/js6 或 H7/K6。

③主轴与叶轮的配合采用 H7/m6。

④叶轮两端与前后盖的间隙应符合表8－3规定。

表8－3　叶轮两端与前后盖的间隙

型　号	叶轮两端与泵前后盖的间隙总和/mm		
	安装间隙	检修间隙	更换间隙
SZ－2	0.4	0.5	1
SZ－3	0.5	0.6	1
SZ－4	0.5	0.6	1

⑤主轴的不直度应不大于 0.2～0.4mm/m。

⑥叶轮的叶片不应有毛刺和裂纹。

⑦叶轮应做平衡试验，其要求应符合表 8-4 规定。

表 8-4　叶轮的平衡试验

泵型号	叶轮转速/ （r/min）	叶轮宽/ 叶轮直径	平衡种类	在叶轮直径上测量允许偏差	
				静平衡允许 偏差/g	动平衡允许 偏差/mm
SZ-2	1450	220/200=1.1	动平衡区	5	0.06～0.08
SZ-3	960	320/332=0.93	静动平衡区	8	0.07～0.1
SZ-4	720	520/450=1.15	动静平衡区	10	0.07～0.1

⑧叶轮与轴装配后，其端面跳动应不大于 0.1mm。

（3）填料密封

①填料压盖端面与填料箱端面应平行。紧固螺栓松紧程度均匀一致，避免压偏。

②压盖压入填料箱的深度一般为一圈填料的高度，但最小不能少于 5mm。

③填料的切口应平等、整齐、不松散，切口成 30°或 45°，装填料时接口应错开 120°。

④填料密封允许漏损为 10～20 滴/min。

（4）滚动轴承

①滚动轴承的滚子与滑道表面应无坑疤、斑点，接触面平滑，转动无杂音。

②安装轴承时，后轴承应固定，前轴承（靠电机一边）应有 0.2～0.3mm 的轴向间隙。

（5）弹性联轴器

①两半联轴器的径向跳动、端面跳动应不大于表 8-5 规定。

表8-5　两半联轴器径向跳动、端面跳动　　　mm

联轴器的最大外圆直径	外圆对轴心线的径向跳动	端面跳动
105～170	0.07	0.16
190～260	0.08	0.18
290～350	0.09	0.20

②联轴器安装时的不同轴度及轴向间隙应符合表8-6规定。

表8-6　联轴器的不同轴度及轴向间隙　　　mm

联轴器的最大外圆直径	105～170	190～260	290～350
不同轴度	0.14	0.16	0.18
轴向间隙	2～4	2～4	4～6

③弹性圈与柱销间应是过盈配合，其外圆与柱销孔的间隙符合表8-7规定。

表8-7　弹性圈外圆与柱销孔的间隙　　　mm

柱销圆柱部分公称直径	10	14	18	24	30	38	46
柱销孔公称直径	20	28	36	46	58	72	88
弹性圈内径	$10^{-0.25}$	$14^{-0.25}$	$18^{-0.25}$	$24^{-0.30}$	$30^{-0.30}$	$38^{-0.40}$	$46^{-0.40}$
弹性圈外径	$19^{-0.25}$	$27^{-0.30}$	$35^{-0.40}$	$45^{-0.40}$	$56.6^{-0.50}$	$70.5^{-0.70}$	$86.5^{-0.70}$

（三）水环式真空泵的拆卸

（1）SZB型真空系的拆卸。SZB型真空泵的结构见本章中的图8-2。SZB型真空泵的拆卸，分部分拆卸和完全拆卸两种。若仅仅检查叶轮的工作情况或清洗泵室时，只需拧下泵体与泵盖间的连接螺丝，取下泵盖即可，称为部分拆卸。若因泵轴、轴承或其他零件损坏需要修理和更换时，则需完全拆卸。其拆卸程序是：

①拆下供水管、吸气管和排气管。

②卸下泵盖，取出叶轮和键。

③卸下填料压盖，取出填料和填料环。

④松开泵体与托架连接螺丝，卸下泵体。

⑤泵轴及轴承一般不需拆卸，若需拆卸时，先放出轴承室内润滑油，拆下轴承盖和联轴器，从泵体方向卸下泵轴。

(2)SZ型真空泵的拆卸。SZ-1和SZ-2型真空泵的结构见本章中的图8-3。SZ型真空泵一般从排出端开始拆卸，其拆卸程序(以SZ-2型为例)是：

①放净泵内存水，卸下供水管、吸气管、排气管和水封管。松开底脚螺丝和联轴器螺丝。

②拆下后轴承盖后，拧下轴承锁紧螺帽；松开后轴承架与排出盖连接螺丝，取下后轴承架(连同轴承一起取出)；卸下填料压盖，取出填料。

③松开联轴器锁紧螺帽，取下联轴器、键和轴承挡套。

④卸下前轴承盖后，松开前轴承架与吸入盖连接螺丝，取下前轴承架，卸下填料压盖，取出填料。

⑤松开泵体与吸入盖和排出盖连接螺丝，将泵体与吸入盖和排出盖分解后，取出泵轴和叶轮。

⑥叶轮若损坏需要更换时，可将叶轮两侧轴套松开，沿轴向将叶轮与泵轴分解。一般情况下叶轮与泵轴是紧配合，不需要分解。

(四)边端间隙的检查调整

水环式真空泵的泵轴、轴承、叶轮、填料筒，以及其他零件的检查要求和方法与离心泵一样，所不同的是边端间隙的检查和调整。

水环式真空泵能不能抽到一定的真空度并保持一定的抽气量，除了吸入系统是否严密、供水量及冷却程度是否恰当，转数是否足够外，主要取决于叶轮的边端间隙的大小。在使用过程中，由于磨损造成间隙过大，就会引起真空度和抽气量下降，严重时会失去抽气能力。但是，装配间隙过小，不但会使电动机超过负荷，甚至会卡住。

（1）SZB 型真空泵边端间隙的检查调整。SZB 型真空泵叶轮在轴上能沿轴向滑动，运行中自动调整两侧的边端间隙。所以在检查和调整时，只要把叶轮推到靠紧联轴器方向的侧壁，即可在泵盖和叶轮的边端之间，用压保险丝法测量边端的间隙。如果超过规定，一般情况下是改变泵盖和泵体之间青壳纸垫的厚度进行调整。当叶轮的边端或侧壁磨损较严重时，只用青壳纸垫调整就不行了，需要车削修正或更换叶轮，也可削修泵盖。

（2）SZ 型真空泵边端间隙的检查调整。SZ 型真空泵的构造特点是叶轮固定装配在轴上。真空泵工作时，叶轮不能沿轴向滑动。检查时，一般是检查叶轮两边的总间隙。

在检查总间隙时，应将叶轮的端面紧靠在排出盖上，在叶轮与吸入盖间压保险丝检查间隙。为保证总间隙测得准确，压保险丝时，应将前后轴承都装好。由于拆装轴承比较麻烦，有时在只装后轴承不装前轴承的情况下压保险丝检查，这时叶轮端面容易偏就需要在叶轮端面上下左右四个方向上放保险丝，在测得各点间隙的基础上算出平均总间隙。

SZ 型真空泵的两侧边端总间隙，是在泵体与前后盖之间用青壳纸垫厚薄调整的。间隙过大时，必须更换或修正叶轮。

（五）水环式真空泵的装配程序和调整

SZB 型真空泵在边端间隙调整合格后，即可按与拆卸相反的程序装配。

SZ 型真空泵在装配过程中需要调整叶轮两侧的间隙一致，比较麻烦。

SZ－1 和 SZ－2 型真空泵的装配程序和调整

（1）将泵体和排出盖连接上，送进叶轮和泵轴后再装上吸入盖。

（2）装上前、后轴承架及轴承。在排出端装上轴承锁紧螺母，在吸入端装上轴承挡套、轴承盖、键、联轴器后，装上联轴器锁紧螺母（不要拧紧）。

（3）用后轴承锁紧螺帽和联轴器锁紧螺帽调整叶轮两侧间隙一致。

调整时，首先拧紧后轴承锁紧螺帽，在后轴承外座圈紧靠轴承架的情况下，叶轮紧贴排出盖。然后稍松后轴承锁紧螺帽，拧紧联轴器锁紧螺帽，使叶轮向前方移动总间隙的一半左右。

调整过程中，边调整前后两锁紧螺帽，边转动泵轴，没有碰擦声并转动灵活时，即为调整合适。因为总边端间隙本来就不大，只要没有碰擦声，说明前后间隙基本相等，就是相差点问题也不大，不会影响泵的工作。这种调整方法前端间隙一般比后端大，运行中尚有好处。

如松动后轴承锁紧螺帽，拧紧联轴器锁紧螺帽，仍不能拉动轴时，可能是前轴承内座圈与轴肩顶紧，外座圈没有靠在轴承架上。这时，可在前轴承外座圈与轴承架之间加整圈后重新调整。

（4）装上后轴承盖（必须压紧后轴承外座圈）。两边轴承中均应装润滑脂，装满度为轴承室内空间的2/3。

（5）装上两边填料和填料压盖。

三、水环真空泵检修后的试车与验收

真空泵检修之后，必须进行运转试验和性能试验，以检查修理后的质量是否达到要求。运转试验的时间一般为 4～8h。在运转试验的同时，可以进行性能试验，即测量极限真空度和抽气速率。运转前还应进行系统检漏。

（一）试车

（1）准备工作

①用手转动联轴器，看是否灵活。

②检查各部螺栓有无松动现象。

③检查轴承的润滑油是否充足。

④检查电动机与泵的转向是否一致。

⑤检查填料的松紧程度。

⑥盘车应无卡住或轻重不均的现象。

（2）试车2h应符合下列要求

①运转平稳无杂音。

②填料密封漏损符合要求，附属管路应无跑、冒、滴、漏现象。

③轴承温度不高于70℃。

④轴承振动应不大于0.09mm。

⑤真空度达铭牌90%以上；作压缩机用时出口压力为120～150kPa。

⑥电流稳定，且不超过额定值。

（二）验收

（1）试运转状况良好，各项技术指标达到技术要求或满足作业需要。

（2）设备状况达到《石油库设备完好标准》的规定。

（3）验收时，应提供以下技术资料。

①检修与验收记录。

②试运转记录。

③零部件更换记录。

验收结束后，上述资料应存入设备档案。

第九章　摆动转子泵

BZYB 系列摆动转子泵是一种新型容积泵。该泵在结构及性能上具有独特的优点，它快速的自吸能力，液、气混输的特点，保证了 BZYB 型摆动转子泵在不同的工作环境、工况下都能良好工作。BZYB 型摆动转子泵适用于输送介质温度在 −40 ~ 80℃ 的汽油、煤油、柴油、航煤、润滑油等油品，一般化工液体及所有可能出现气体的泵送场合，如油库油料输送、冷凝水循环、液化气输送、油槽车卸油、汽车加油、油船货油扫舱等。适用的流量范围为 0 ~ 200m³/h，出口压力 0 ~ 3.0MPa，介质黏度范围 0 ~ 1520mm²/s。小形体、大流量、高扬程、极强的抽吸能力、高效率、气液两相混输是该泵的突出特点。

第一节　摆动转子泵的工作原理及结构

BZYB 系列摆动转子泵以国家发明专利"摆动转子式机器"为核心，用于气、液、固多相混输。

BZYB 系列摆动转子泵结构上采用曲轴滑块机构，如图 9-1 所示，经深化变为图 9-2 所示的结构。图 9-2 中的转子相当于图 9-1 中的连杆，曲轴相当于图 9-1 中的曲柄，而滑块对应于图 9-1 中的滑块，然后再以曲轴旋转带动转子产生的外轨迹圆为缸体，构成了完整的泵的结构原理图。

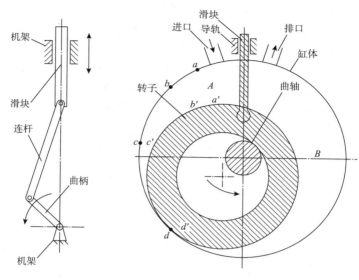

图 9-1　曲柄滑块机构　　　图 9-2　摆动转子泵原理示意图

第二节　摆动转子泵的特点

BZYB 系列摆动转子泵的设计融合了泵和压缩机的工作原理，兼具液体输送泵、气体压缩机及真空泵 3 个作用。该泵相对其他类型泵具有以下显著特点：

（1）加工制造简单，配合精度高。

（2）维护方便，可以在现场进行泵的拆卸及更换零部件。

（3）有极强的自吸能力，极限真空度可达99%，可代替真空泵用于虹吸和扫舱。

（4）优异的气液混输能力，可以0%～100%的气液比混输介质。并适用于黏度小的介质和黏度大的介质的单独输送或多相混合输送。

（5）泵工作容腔空间大，有较强的抗杂质性能。

（6）无密封件处的易损件，整机唯一的接触摩擦产生于导芯与缸体的接触部位，但因为其线速度极低（一般小于 0.5m/s）且磨损不影响泵的工作性能，无需考虑更换。

（7）高速与低速时吸入性能变化小，可达到的极限真空度基本无变化，可制造必需汽蚀余量在 0.5～1.5m 的泵。

（8）泵的效率高，全液相效率大于 72%。

（9）可在室外工作，不建泵房。

（10）采用标准机械密封，性能可靠、寿命长，更换方便。

第三节　摆动转子油泵的完好标准

一、运转正常性能良好

（1）压力平稳，流量均匀；压力能达到铭牌额定值的 90%。

（2）机械密封严密，运转时泄漏量不超过 3 滴/min；停止工作时，无泄漏。

（3）轴承润滑良好，温度不超过 70℃。

（4）盘车无轻重不匀感觉；运转平稳，无异常振动、无杂音。

（5）泵体、泵套等机件配合磨损极限符合规定要求。

（6）泵体安装水平，机组同心度良好；联轴器安装符合要求，磨损不超过极限值。

（7）泵体完整、无裂纹、无渗漏。

二、外观整洁维护完好

（1）泵体油漆完好、无脱落，铭牌完好、清晰。

（2）泵体连接处无渗漏，地面无油迹。

（3）油泵编号统一，字体正规，色标清楚。

三、技术资料齐全准确

（1）有产品出厂合格证、有备履历卡片。

（2）有易损件备品，或有易损件图纸。

（3）有运行、检修、缺陷记录，内容完整，记录整齐。

第四节　摆动转子泵的检查维护

一、日常检查的主要内容

（1）作业中，应检查泵的振动、噪声是否正常。

（2）泵的渗漏情况。

（3）泵压力表和真空表指示值是否正常。

二、月检查的主要内容

（1）检查轴承温度、吸排压力、输出功率、润滑、振动和噪声。

（2）检查泵与电动机的连接的情况。

（3）检查泵紧固螺栓有无松动。

三、每季检查的主要内容

（1）轴承盒里的润滑油，如变质应全部换掉。

（2）检查转子总成有无异常声音。

（3）检查滑动轴承在圆周方向的间隙。

（4）检查清理过滤器。

四、每年检查的主要内容

（1）检查转动部分的磨损情况及间隙。

（2）检查校验一次真空表及压力表。

(3)检查泵壳内部的腐蚀情况。

(4)检查进出口阀门及止回阀。

(5)进行压盖、轴套的检查，必要时进行更换。

上述各项检查都应认真做好记录为检修提供必要的技术资料。

五、摆动转子泵检修周期与内容

(一)检修周期

(1)小修为 2000~2900h。

(2)大修为 8500~12000h。

(二)小修内容

(1)检查机械密封。

(2)检查轴承，调整轴承间隙。

(3)检查联轴器及对中。

(4)处理在运行中出现的问题。

(5)检查油封和润滑等系统。

(三)大修内容

(1)包括小修项目。

(2)解体检查各零部件磨损、腐蚀和冲蚀。

(3)检查前转子、后转子。

(4)检查并校正轴的直线度。

(5)测量并调整转子的轴向窜动量。

(6)检查泵体、基础、地脚螺栓，必要时调整垫铁和泵体水平度。

第五节 摆动转子泵故障及排除

摆动转子泵常见故障及排除方法见表 9-1。

表 9-1 常见故障与排除方法

故障现象	原因	排除方法
1. 密封泄漏	密封元件材材料老化失效	查明介质情况，配用适当密封件
	O 形圈损坏	更换 O 形圈
	机封动环或静环密封圈损坏	更换密封圈
	机封动静环密封面磨损	更换机械密封
	油封失效	更换油封
2. 泵不吸油	吸入管路堵塞或漏气	检查吸入管路
	吸入高度超过允许吸入真空高度	降低吸入高度
	电动机反转	改变电动机转向
	介质黏度过大	将介质加温
	过滤器堵塞	清洗过滤器
3. 泵振动和噪音增大	泵轴与电动机轴不同心	调整同心
	吸入管路堵塞，真空太高	检修吸入管路
	出口管路堵塞，关闭或管径太小	检查出口管路，开启阀门
4. 泵发热	长时间干运转	回油冷却

第六节 摆动转子泵的试运转

一、试运转前的检查

试运转前的检查应符合下列要求：

（1）驱动机的转向应与泵的转向相符。

（2）应查明泵的转向。

（3）各固定连接部位应无松动。

（4）各润滑部位加注润滑剂的规格和数量应符合设备技术文件的规定；按规定进行预润滑。

（5）各指示仪表、安全保护装置及电控装置均应灵敏、准确、可靠。

（6）盘车应灵活、无异常现象。

二、泵启动要求

泵启动时应符合下列要求：

（1）摆动转子泵应打开进、出口管路上阀门，点动泵，检查泵的转向，确认正确后，开始运行。

（2）泵不得在无液体情况下启动。

三、泵试运转要求

泵试运转时应符合下列要求：

（1）各固定连接部位不应有松动。

（2）转子及各运动部件运转应正常，不得有异常声响和摩擦现象。

（3）附属系统的运转应正常，管道连接应牢固无渗漏。

（4）滑动轴承的温度不应大于70℃，滚动轴承的温度不应大于80℃，其他轴承的温度应符合设备技术文件的规定。

（5）各润滑点的润滑油温度应符合设备技术规定，润滑油不行有渗漏和雾状喷油现象。

（6）泵的安全保护和电控装置及各部分仪表均应灵敏、正确、可靠。

第七节 摆动转子泵的报废条件

凡符合下列条件之一者，可申请报废：

（1）泵体或泵盖损坏无法修复。

（2）大修费用超过设备原值的50%。

（3）机型淘汰、配件无来源。

（4）因泵自身的原因，泵流量低于额定流量30%以下。

第十章　泵机组的安装及试运转

泵机组安装质量的好坏，对能否顺利完成油品的收发、储存、供应任务十分重要。泵机组基础构建、联轴器的校正、安装后的试运转，是油泵运行与检修中的一项经常工作，做好这项工作对泵机组正常、安全运行十分重要。

第一节　泵机组的整体安装

一、泵机组基础的功用

泵机组的基础有以下三种功用。

（1）根据生产工艺上的要求，把泵机组牢固地固定在一定的位置上（符合设计的标高和设计的中心线位置）。

（2）承受泵机组的全部重量，以及工作时由于作用力所产生的负荷，并将它均匀地传布到土壤中去。

（3）吸收和隔离由于动力作用所产生的振动，防止发生共振现象。

根据上述功用必须要求基础有足够的强度、刚度和稳定性；能耐介质的腐蚀；不发生下沉、偏斜和倾覆；能吸收和隔离振动；同时又要节省材料及费用。基础质量差，不仅影响泵机组的正常运行，而且常常使设备的寿命缩短。

二、泵机组基础的类型

根据泵机组基础所承受的负荷性质的不同，基础一般分为两类。

(1)静力负荷的基础(设备基础)。这类基础仅承受设备本身及其内部物料重量的静力负荷的作用,有时(在室外的)还需要考虑风力载荷对它产生倾覆力矩。

(2)动力负荷的基础(机器的基础)。这类基础不仅承受机器本身重量的静力负荷的作用,而且还受到机器中运动部件不平衡的惯性力所引起的动力负荷的作用。如工作时产生很大惯性力的电动机、离心泵、离心式鼓风机等。

三、泵机组基础的设计

泵的正常运转,在一定程度上取决于基础的正确设计,特别是大型泵,如基础设计不当,便会出现共振,导致与其相联的管线和设备的损坏。

泵机组基础一般可从相应的手册中查得,在缺乏这方面的资料时,也可按下述方法中的任一种进行设计计算。

(一)重量比值法(只适用于小型泵机组)

重量比值法就是使基础重量不小于泵机组重量一定倍数的方法。这种设计基础的方法是最简便的,但也是很粗略的。对于一些小型泵机组的基础设计,这种方法是可行的,因而目前使用相当广泛。

基础长度　　$L = L' + (100 \sim 150)$

基础宽度　　$b = b' + (100 \sim 150)$

基础重量　　$G_j = \alpha W$

基础体积　　$V = G_j / \gamma_j$

基础高度　　$H = V / Lb$

式中　　L'——泵机组底盘长度,mm;

　　　　b'——泵机组底盘宽度,mm;

　　　　α——比值系数,$\alpha = 5 \sim 6$;

　　　　W——泵机组重量,N;

　　　　γ_j——基础的重度;砖砌的基础 $\gamma_j = 1800 \text{kgf/m}^3$;

　　　　　　　混凝土基础 $\gamma_j = 2400 \text{kgf/m}^3$。

一般小型离心泵机组基础高度约为 600 ~ 700mm，很少有超过 800mm 的。

（二）控制基底面积法（只适用于离心泵机组）

控制基底面积法既考虑了泵机组的工作转速、基础形状及地基好坏，同时又对计算公式作了恰当的简化，是较方便实用的。计算基础所需的底部面积 A 的简化公式是从计算基础顶面的水平振幅出发，将影响水平振幅的水平扰动力、基础柔性、回转振幅、机组的工作转数和自振频率等代入算式并进行化简处理而得。其步骤是：

（1）确定基础长度 L、基础宽度 b，用重量比值法公式计算基础高度，根据地脚螺栓的埋深（一般为 400 ~ 600mm）和地脚螺栓底部距离基础地面高（一般为 200mm），基础高度取 $h = 600 ~ 800mm$。

（2）基础底面面积：

$$A_P = bL$$

式中　b、L——基础的长和宽，m。

（3）所需基础底面面积：

$$A_t = WK\beta/C_Z$$

式中　W——泵机组重量，kgf；

　　　K——基础底面积计算系数，查表 10-1 取值；

　　　β——基础形状系数，由表 10-2 取值；

　　　C_Z——土壤弹性均匀压缩系数，kgf/m^2，由表 10-3 取值。

（4）判断：若 $A_P > A_t$，基础安全可用。

若 $A_P < A_t$，应调整 L、b、h 的数值。

表 10-1　基础底部面积计算系数 K 值

基础高 h/m ＼ 转速/(r/min)	1000	1500	2000	2500	3000
0.50	1900	1190	670	520	520

基础高 h/m \ 转速/(r/min)	1000	1500	2000	2500	3000
0. 75	1280	670	410	330	330
1. 00	730	460	300	240	240
1. 30	390	290	190	160	160
2. 00	270	210	140	120	120

表 10-2 基础形状系数 β

$\alpha^{②}$ \ $\rho^{①}$	1. 0	1. 5	2. 0	2. 5	3. 0	4. 0	5. 0
1. 2	6. 0	3. 2	2. 3	1. 8	1. 6	1. 3	1. 2
1. 5	7. 3	3. 8	2. 6	2. 0	1. 7	1. 4	1. 3
2. 0	9. 3	4. 7	3. 1	2. 3	1. 9	1. 5	1. 3
2. 5	11. 4	5. 6	3. 6	2. 6	2. 2	1. 7	1. 4
3. 0	13. 5	6. 6	4. 1	3. 0	2. 4	1. 8	1. 5

①系指机器主轴中心至基础底面的高度 H 对基础高度 h 之比，$\alpha = H/h$；
②垂直于主轴方向的基底边长 a 对基础高度 h 之比，即 $\rho = a/h$。

表 10-3 土壤弹性均匀压缩系数

土壤等级	土壤特征	土壤允许耐压力	
		kPa	kgf/cm²
Ⅰ	松软的（塑性状态的黏土、砂质黏土、中密的砂粉）	150	3
Ⅱ	中密的（塑性黏土、砂质黏土、砂）	150 ~ 350	3 ~ 5
Ⅲ	坚硬的（坚硬状态的黏土、砂质黏土、砾石、砾砂、黄土、黄土质砂质黏土	350 ~ 500	5 ~ 10
Ⅳ	岩石地基	> 500	> 10

例：已知150Y1－150A型泵及电动机总重量 $W = 150\text{kg}$，转速 $n = 3000\text{r/min}$，地基土壤弹性均匀压缩系数 $C_z = 30000\text{kgf/m}^2$。由样本所给的泵机组安装图尺寸，设基础尺寸为：基础高度 $h = 0.6\text{m}$，基础底面的轴向长度 $b = 2.24\text{m}$，垂直于轴向的边长 $L = 1.17\text{m}$；机组轴心线至基底的高度 $H = 1.16\text{m}$，校核此基础是否适用。

解：基础实有底面积：

$A_P = 1.17 \times 2.24 = 2.62\text{m}^2$。

由 $n = 3000\text{r/min}$，$h = 0.6\text{m}$，查表 10-1，得 $K = 440$；

由 $\rho = 1.17/0.6 = 1.95$，$\alpha = 1.16/0.6 = 1.94$，查表 10-2，得 $\beta = 3.26$；

$A_t = (15 \times 440 \times 3.26) \div 30000 = 0.717\text{m}^2$。

$A_P > A_t$，基础可用。

四、泵机组基础的施工

（一）基础施工的一般程序

（1）放线，挖土方，夯实地基。

（2）安装木模板，准确地安装地脚螺栓的预留孔木模板（或固定预埋地脚螺栓）。

（3）测量检查标高、中心线及各部位尺寸。

（4）配制浇灌混凝土。浇灌后达到初凝（约 8h 后，大型基础可推迟一些时间）时，拆除地脚螺栓的预留孔模板（否则不易拔出）。

（5）进行基础的养护。

（二）基础常用材料

（1）水泥。水泥标号有 300 号、400 号、500 号、600 号等几种。机器基础常用的水泥为 300 号和 400 号。机器基础常采用硅酸盐膨胀水泥，其特性是在水中硬化时体积增大，在湿气中硬化不收缩或有微小膨胀；其用途是制造防水层和防水混凝土，浇灌设备基础及地脚螺栓孔，加固结构，并可用于接缝及修补工程。

（2）砂子。砂子有山砂、河砂、海砂三种，其中河砂比较清洁，最为常用。按砂子的粗细可分为粗砂（平均粒径大于0.5mm），中砂（粒径 0.35 ～ 0.5mm），细砂（粒径 0.2 ～ 0.35mm）。砂中黏土、淤泥和尘土等杂质的限量不得大于 5%；硫化物及硫酸盐不得大于 1%。

（3）石子。石子分碎石（山上开采的石块）和砾石（如河砾石）两种。石子中的杂质限量与砂子相同。如杂质过多，在使用时可用水清洗干净。

（4）水。水中不能含有油质、糖类及酸类等杂质。

（三）混凝土的配合比例

（1）水泥标号的选择。水泥标号一般选用 300 号、400 号水泥。

（2）水灰比的选择。水灰比可根据混凝土标号、水泥标号与粗集料的种类，按表 10 - 4 确定。

表 10 - 4　常用混凝土水灰比

粗集料类别	水泥标号	混凝土标号				
		100	150	200	250	300
碎石	300	0.70	0.60	0.50	—	—
	400	0.80	0.70	0.60	0.50	—
	500	—	0.80	0.70	0.60	0.50
砾石	300	0.65	0.55	0.45	—	—
	400	0.75	0.65	0.55	0.45	—
	500	0.85	0.75	0.65	0.55	0.45

（3）混凝土组成部分的质量配合比例，见表 10 - 5。表中配合比中分母为混凝土的质量比，分子为每立方米混凝土材料用量（kg）；材料均应干净，使用时应根据砂、石含水量调整。使用中砂，如使用细砂或粗砂，可调整砂率，范围为 ±5% ～10%，如

减去砂则增加石子，反之减去石子则增加砂，水量及水泥用量配合比不变。

表 10-5　混凝土组成部分的质量配合比例

混凝土标号	水泥标号	石子规格/mm	配合比				坍落度
			水泥	砂	石子	水	
100	300	5~40	215/1	675/3.13	1295/6.03	175/0.815	1~2
		5~70	201/1	680/3.30	1312/6.37	168/0.815	1~2
	400	5~40	183/1	690/3.77	1321/7.22	174/0.95	1~2
		5~70	177/1	686/3.88	1322/7.47	168/0.95	1~2
150	300	5~40	283/1	629/2.22	1265/4.47	178/0.63	1~2
	400	5~40	243/1	642/2.64	1288/5.30	185/0.76	1~2
		5~70	228/1	658/2.89	1315/5.77	172/0.757	1~2
	500	5~40	210/1	652/3.12	1323/6.30	180/0.857	2~3
		5~70	198/1	688/3.48	1325/6.69	170/0.86	1~2

（四）混凝土的养护

混凝土的凝固和达到应有强度是由于所谓水化作用，其养生方法和养生期见表 10-6。一般在达到设计强度的 50% 时拆除模板，机器设备安装应在基础达到设计强度 70% 以上时进行。

表 10-6　混凝土养生

基础结构种类	养生方法和养生期
梁或框架结构	浇灌 24h 后，每天浇水 2 次，并用草袋等物覆盖 5~7 天
柱式基础	浇水不得少于 10~15 天，并用草袋等物覆盖 5~7 天。气温低时应采取保温措施
大块基础	在 7~10 天内应经常浇水，使模板湿润，并用草袋、草席等物覆盖

混凝土浇灌后 28 天内的强度增长情况如表 10-7 所示。在冬季施工和为缩短施工期，常采用蒸汽养生和电热养生的方法。

表 10-7　混凝土浇灌后 28 天内强度变化

混凝土种类	时间/日	温度/℃						
		1	5	10	15	20	25	30
		混凝土强度/%						
硅酸盐水泥混凝土	2	—	—	—	25	30	35	40
	3	10	15	25	38	40	45	50
	5	20	30	40	50	55	60	65
	7	30	40	50	60	67	70	85
	10	35	50	60	70	80	85	90
	15	50	60	70	80	90	95	100
	28	65	80	90	100	105	110	115
混合水泥混凝土	2	—	—	—	15	18	25	30
	3	6	8	15	20	25	30	40
	5	10	15	20	30	35	40	55
	7	15	25	30	40	45	55	67
	10	25	35	40	50	60	70	80
	15	35	45	55	70	75	85	90
	28	35	70	85	100	105	11 –	115

五、泵机组基础质量要求及常用检测方法

(一)基础质量要求

基础质量要求见表 10-8。

表 10-8　基础质量要求

项　目	允许偏差/mm
基础位置(纵、横线)	±20
基础不同平面标高	+0，-20

项 目		允许偏差/mm
基础尺寸	基础上平面外形尺寸	±20
	凸台上平面外形尺寸	-20
	凹穴尺寸	+20
基础上平面不平度 （包括地坪上需安装设备部分）	每米	5
	全高	10
竖向偏差	每米	5
	全度	20
预埋地脚螺栓	标高（顶端）	+20，-0
	中心距（根部和顶部两处测量）	±2
预留地脚螺栓孔	中心位置	±10
	深度	+20，-0
	孔壁的垂直度	10
预埋活动地脚螺栓锚板	标高	+20，-0
	中心位置	±5
	不水平度（带槽的锚板）	5
	不水平度（带螺纹孔的锚板）	2

（二）常用检测方法

（1）符合标准的有刻度的工具，可用于被测量物公差（允许偏差）等于和大于工具分度值的测量，必要时可估计至分度值的1/2。

（2）符合标准的无刻度的工具，可用于被检查物公差（允许偏差）等于和大于工具本身误差数值的检查。

（3）除直接使用以上两项的工具外，某些常用的测量和检查方法，可参照表10-9选择。

表 10-9　常用测量和检查方法的应用范围

检测方法	应用范围		备注
	检测项目	被测物最小公差/mm	
拉钢丝、内径千分尺量距离、用导电接触耳机听音法	不直度、不平行度、不同轴度等	0.02	应考虑钢丝的下垂度，见图 10-1
拉钢丝、钢板尺量距离	不直度、不平行度、不同轴度等	0.50	应考虑钢丝的下垂度
水准仪和普通标尺测读数	标高偏差不水平度等	2.50	标尺刻度采取措施后，被测检物最小公差可为 1mm
用液体连通器（有刻度）测量	不水平度	1.00	
液体连通器、测微螺钉量液面	不水平度	0.02	应注意液体的蒸发，见图 10-2
吊线锤、钢板尺量距离	不铅垂度	1.00	线锤无摆动现象
吊钢丝线锤、内径千分尺量距离，用放大镜观察接触法或用导电接触讯号法	不铅垂度	0.05	线锤无摆动现象，见图 10-3
拉钢丝、用测微光管测量	不直度	0.01	钢丝直径不大于 0.3mm，见图 10-4

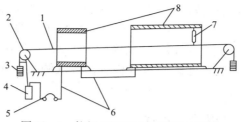

图 10-1　拉钢丝测量不同轴度示意图

1—钢丝；2—滑轮和支架；3—重锤；4—电池；

5—耳机；6—导线；7—内径千分尺；8—被测量物

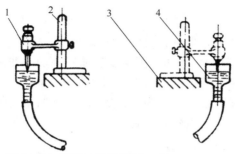

图 10-2　液体连通器测量不水平度示意图

1—测微螺钉；2—支架；3—被测物；4—液体连通器

图 10-3　吊钢丝线锤

测量不铅垂度示意图

1—吊线架；2—被测量物(立柱)；

3—内径千分尺；4—V型块；5—钢丝；

6—机座；7—线锤；8—水桶

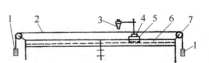

图 10-4　测微光管测量水平面内的

不直度示意图

1—重锤；2—钢丝；3—测微

光管；4—支架；5—V型块；

6—被测量物；7—滑轮架

（4）计算测量数据时，应考虑工具或方法本身或其他因素所引起的误差，当这类误差小于被测量物的允许偏差值的 1/10～1/3 时（低精度的用 1/10，高精度的用 1/3，一般用 1/5）可忽略不计。若进行比较性的测量或检查，各次测量的条件相同，使误差可以互相抵消时，亦可忽略不计。

六、泵机组地脚螺栓

地脚螺栓的功用是将机器或设备与基础牢固地连接起来，以免在工作时发生位移和倾覆。

（一）地脚螺栓的种类

地脚螺栓可分为短的和长的两大类。

（1）短地脚螺栓是用来固定没有强烈振动、冲击的轻型机器和设备的。短地脚螺栓的长度为 100～1000mm。常见的短地脚螺栓的头部加工成叉形或钩形，如图 10-5 所示。带钩的地脚螺栓有时在钩中穿上横杆以防旋转。

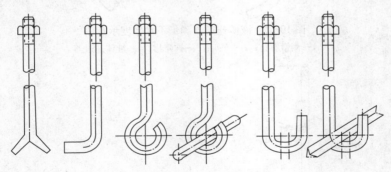

图 10-5　短地脚螺栓示意图

（2）长地脚螺栓是用来固定有强烈振动和冲击的重型机器。长地脚螺栓的长度为 1～4m。常见的长地脚螺栓的头部是做成锤头形，有时也做成双头螺栓的形式，如图 10-6 所示。长地脚螺栓应配合锚板共同使用。锚板是用钢板焊制或铸铁铸造的，中间带有一个矩形孔或圆孔，供穿螺栓之用。

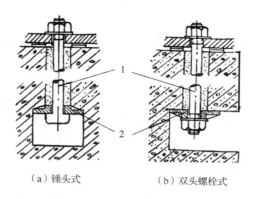

（a）锤头式　　　　　　（b）双头螺栓式

图 10-6　长地脚螺栓示意图

1—螺栓；2—锚板

（二）地脚螺栓和基础的连接

地脚螺栓和基础的连接，有可拆的和不可拆的两种方式。

（1）地脚螺栓和基础不浇灌在一起的称为可拆的连接。采用这种连接时，应在基础内留有地脚螺栓的预留孔，并在孔的下端埋入锚板。如果是用带锤头的长地脚螺栓，则螺栓插入后将它转动90°就可与锚板上的制动凸块接触，因而不会再转动，也不会被拉出来，如图10-6（a）所示。如果是用双头的长地脚螺栓，将螺栓插入铺板后用螺母拧紧，如图10-6（b）所示。这种连接方法便于装拆，只适用于长地脚螺栓。

（2）地脚螺栓和基础浇灌在一起的称为不可拆的连接。它可以分为两种连接方法，一次浇灌法和二次浇灌法。

一次浇灌法的连接。在浇灌基础时，预先把地脚螺栓埋入的称为一次浇灌法。根据螺栓埋入深度的不同，它可分为全部预埋和部分预埋两种形式，如图10-7（a）和图10-7（b）所示。在部分预埋时，螺栓上端留有一个 $100 \times 100 \times (200 \sim 300)$ cm 的方形调整孔，以方便调整。一次浇灌法的优点是减少钉模板的工程，增加地脚螺栓的稳定性、坚固性和抗振性；其缺点是不便于调整。

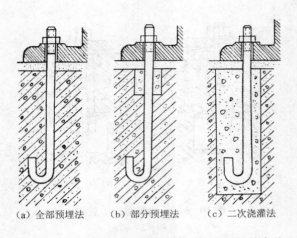

（a）全部预埋法　　（b）部分预埋法　　（c）二次浇灌法

图 10-7　地脚螺栓与基础之间的不可拆的连接方法

一般的机器及设备（如泵、通风机和离心机等）多采用一次浇灌法。用一次浇灌法时，地脚螺栓应用固定板来定位。图 10-8 所示的是用槽钢制成的地脚螺栓固定板，一般情况下也可以用木板来制造。

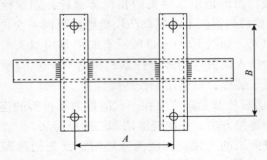

图 10-8　地脚螺栓固定板

用固定板将地脚螺栓定位后，在浇灌混凝土以前，要对地脚螺栓的中心距、垂直度和标高进行严格的检查。地脚螺栓中心距的允许偏差 ≤ ±3 ~ ±5mm、垂直度的允许偏差 <1/100、标高的允许偏差 ≤ ±5 ~ ±10mm。

（3）二次浇灌法的连接。在浇灌基础时，预先在基础内留出地脚螺栓的预留孔，在安装上机器时再穿上螺栓，然后用混凝土或水泥砂浆把地脚螺栓浇灌死，如图 10-7（c）所示。此法的优点是便于安装时调整；其缺点是连接不够牢固。

（三）地脚螺栓偏差的处理

在浇灌基础时，应严格检查地脚螺栓的中心线位置、垂直度和标高等是否符合技术要求，如果由于设计的变更使螺栓的位置发生不容许的偏差，这将会影响到机器及设备的安装，必须设法处理。现介绍常用的地脚螺栓中心距偏差、标高偏差和活拔的处理方法。

（1）中心距偏差的处理。当地脚螺栓中心距的偏差超过允许值不太大时，可以先凿去螺栓四周的混凝土，深度为（8～15）d，然后用氧乙炔火焰加热螺栓至淡红色（850℃左右）。加热后的螺栓可用千斤顶或大锤校正，并在弯曲处焊上钢板，防止以后拉直，如图 10-9 所示。螺栓的中心距偏差处理好后，应补灌混凝土。加热时温度不能过高，以免引起金属组织改变而降低螺栓的强度。

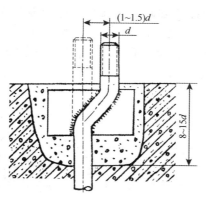

图 10-9 中心距偏差的处理示意图

（2）标高偏差的处理。螺栓的标高过高，可割去一部分，并重新加工出螺纹。螺栓的标高较低（差数不大于 15mm），一般处理方法是用氧乙炔火焰将螺栓烧红拉长。拉长后在直径缩小部分的两旁焊上两条钢筋或用大小适宜的钢管进行焊接，如图10-10(a)和(b)所示。若螺栓的标高很低(差数大于15mm)，则不能用烧红拉长的方法来处理，只有将螺栓切断，另焊一根新制的螺栓，并在对接处焊上四条加强钢筋，如图10-10(c)所示。标高偏差处理好后应补灌混凝土。

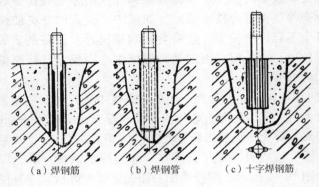

(a) 焊钢筋　　(b) 焊钢管　　(c) 十字焊钢筋

图 10-10　标高偏差处理

(3)螺栓活拔的处理。在拧紧螺帽时，由于用力过猛或其他原因，将地脚螺栓从基础中拔起来，这种现象称为活拔。活拔的处理方法是将螺栓腰部的混凝土凿去，并在螺栓上焊上两条交叉的U形钢筋，然后补灌混凝土，即可将活动的螺栓固定牢固，如图10-11所示。

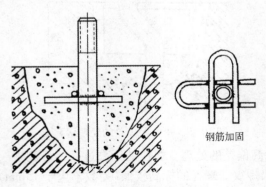

钢筋加固

图 10-11　螺栓活拔的处理

七、泵机组机座的校正、找平和找标高

(一)校正

机座纵横中心线应与基础校正,而基础纵横中心线应由设计基准线量得(或以相邻设备为准,如要求不高还可用地脚螺栓孔量得)。

基础纵横中心线画法可参见图 10-12 基准线取两点,借助角尺、卷尺量出相等垂直尺寸,做出标记。

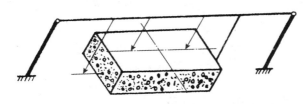

图 10-12　线锤挂线法

立钢丝线架,吊线锤。调整钢丝位置使线锤对准标记。用墨线在基础上弹线,另一条中心线以此类推画出。再将纵横中心线投到基础侧面上以备安装台板时校正检查。

(二)找平

常用方法是三点找平安装法,见图 10-13。

首先在机座的一端按需要高度垫好垫铁 a,同样在另一端地脚螺栓 1 和 2 两侧放置所需高度的垫铁 b_1、b_2 和 b_3、b_4,然后用长水平仪在机座加工面上找水平,找好后拧上地脚螺栓 1 和 2,最后在地脚螺栓 3 和 4 处加垫铁,找水平,找好后拧上地脚螺栓 3 和 4。

找平时,水平仪应在纵横两个方向都测量。在每个方向又必须将水平仪转180°复测一次,取其平均值。

(三)找标高

标高应于找平的同时进行,可用橡皮连通管测量。

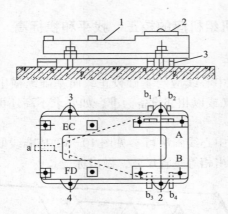

图 10-13　三点找平法安装机座
1—机座；2—水平仪；3—垫板

八、泵机组安装方法与步骤

泵机组安装方法与步骤如下。

（1）检查基础质量。质量标准见表 10-10。

（2）基础表面在安装垫铁的周围应铲平，垫铁试装接触良好后再安放垫铁。

（3）安装机座台板。将机组放在埋有地脚螺栓的基础上，在底座与基础之间放好成对的楔垫来校正。

（4）松开联轴器，用水平仪分别放在机泵轴和底座上，通过调整楔垫，使机组呈水平。校正后应适当拧紧地脚螺栓，以防走动。

（5）用混凝土灌注底座与地脚螺栓（二次灌浆）。必须将底座灌满，同时必须捣固灌实。

（6）待混凝土凝固后（一般在一周后），检查底座和地脚螺栓是否有不良的松动现象，然后拧紧地脚螺栓，并重新找机泵轴的水平度。同时在基础上再抹一层 10~15mm 厚的光滑面水泥砂浆保护层，垫铁不允许露在外面。

（7）校正机泵轴与电机轴同心度。一般做法是以机泵为基准，再调整电机。当机泵与原动机之间有变速箱时，则先安装变速箱，并以其为基准再安装机泵与原动机。

（8）安装机组管线及其附件后，应再复核同心度。

管线应有单独支架，泵机组不允许承受管线负荷。管线中杂物应清扫干净，安装时最好先放粗过滤器。

（9）基础强度达到100%后，可以进行试车。试车前应检查电机旋转方向是否与标志一致，按机泵操作规程试运4h。

（10）试运转中应全面检查机泵各部运转情况；并填好试运记录，正常后，移交使用。

九、泵机组安装的水平度标准

泵安装时水平度质量标准可参考表10-10。

表10-10　泵安装时水平度质量标准

项　目		纵向	横向	水平仪精度要求
离心泵	出口直径小于200mm	0.35	0.50	0.05~0.08
	出口直径大于200mm	0.10	0.50	0.05~0.8
蒸汽泵		0.50	0.50	0.08~0.10
中小型活塞泵		0.50	0.50	0.05~0.08
离心压缩机		0.02	0.10	0.02
变速箱		0.20	0.10	0.02

第二节　联轴器的校正

联轴器所连接的两根轴的旋转中心线应该保持严格意义上的同心，所以联轴器在安装时必须很精确地校正、对中。否则将会在联轴器中引起很大的应力，严重地影响轴、轴承和轴上其他零件的正常工作，甚至会引起整台机器和基础的振动或损坏事故。

泵机组安装和修理过程中，一项非常重要的工作就是联轴器的校正。

一、联轴器偏移情况的分析

在安装新泵时，对于联轴器端面与轴线之间的垂直度可以不必检查。但在安装旧泵时，一定要仔细检查，发现不垂直时要调正垂直后再校正。

联轴器校正时，一般可能遇到以下四种情况，如图 10-14 所示。

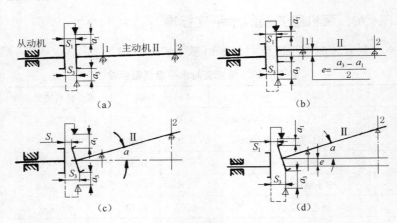

图 10-14　联轴器校正可能遇到的四种情况

S_1、S_3 和 a_1、a_3 表示在联轴器上方($0°$)和下方($180°$)两个位置上的轴向间隙和径向间隙。

（1）$S_1 = S_3$，$a_1 = a_3$，如图 10-14(a)所示，这表示两半联轴器端面是处于既平行又同心的正确位置，两轴线必位于一条直线上。

（2）$S_1 = S_3$，$a_1 \neq a_3$；如图 10-14(b)所示。这表示两半联轴器端面虽然互相平行，但不同心，这时两轴线之间有平行的径向位移，其偏心距为：$e = (a_1 + a_2)/2$。

（3）$S_1 \neq S_3$，$a_1 = a_3$，如图 10-14(c)所示。这表示两半联轴

器端面虽然同心，但不平行，这时两轴线之间存在倾斜的角位移(倾斜角为 α)。

(4) $S_1 \neq S_3$, $a_1 \neq a_3$ ，如图 10-14(d)所示。这表示两半联轴器端面既不平行又不同心，这时两轴线之间既有径向位移又有角位移。

联轴器处于后三种情况时都不正确，都应当进行校正，直到获得第一种正确的情况为止。一般在安装机器时，首先把从动机安装好，使其轴处于水平，然后安装主动机。校正时，只需调整主动机，即在主动机的支脚下面用加减垫片的方法来进行调整。

维修泵时，一般以电动机为基准进行调整，必要时也可以同时调整泵和电动机。

二、联轴器校正的测量方法

联轴器校正时，主要测量其不同心度(径向位移或径向间隙)和不平行度(角位移或轴向间隙)。根据测量时所用工具的不同，其测量方法有三种。

(1)利用直角尺及塞尺测量联轴器的不同心度，利用平面规及楔形间隙规测量联轴器端面的不平行度。测量方法如图 10-15 和图 10-16 所示。这种校正方法比较简单，但精密度不高，一般只能应用于不需要精确校正中心的机器。

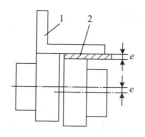

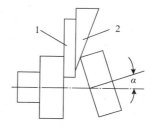

图 10-15　用直角尺和塞尺测量联轴器不同心度
1—直角尺；2—塞尺

图 10-16　用平面规和楔形间隙规测量联轴器不平行度
1—平面规；2—楔形间隙规

（2）利用中心卡及塞尺测量联轴器的不同心度和端面不平行度，一般校正用的中心卡的结构如图 10-17 和图 10-18 所示。利用中心卡及塞尺可以同时测量联轴器的径向间隙 a 和轴向间隙 S。这种校正方法操作方便、精密度较高，应用极广。

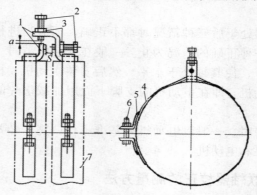

图 10-17　用钢带固定在联轴器上的可调节的双测点中心卡
1—中心卡；2—测点螺钉；3—锁帽；4—钢带套箍；
5—角钢；6—夹紧螺帽；7—联轴器

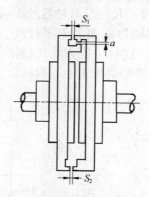

图 10-18　用塞尺和专用工具测量

其他常用的中心卡的种类和结构如图 10-19 所示。

（3）利用中心卡及千分表测量联轴器的不同心度和端面不平行度如图 10-20 所示。此法基本上和上述方法一样，所不同的只是将测点螺钉换上两个千分表。因为用了精密度较高的千分表来测量径向间隙和轴向间隙，故此法的精密度最高，它适用于需要精确校正中心的精密的和高速的机器。

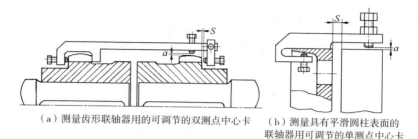

（a）测量齿形联轴器用的可调节的双测点中心卡　　（b）测量具有平滑圆柱表面的联轴器用可调节的单测点中心卡

图 10-19　常用的中心卡种类和结构示意图

利用中心卡及塞尺或千分表来测量联轴器的不同心度（径向间隙）时，常用一点法来进行测量。所谓一点法是指在测量一个位置上的径向间隙时，同时只测量一个位置上的轴向间隙。

测量联轴器不同轴度，应在联轴器端面和圆周上均匀分布四个位置（0°、90°、180°、270°）进行测量，其测量方法如下：

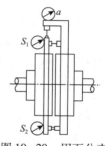

图 10-20　用百分表和专用工具测量

①将半联轴器 A 和 B 暂时相互连接，装设专用工具或在圆周上划出对准线，见图 10-21（a）。

②将半联轴器 A 和 B 一起转动，使专用工具或对准线顺次转至 0°、90°、180°、270° 四个位置，在每个位置上测得两个半联轴器的径向数值（或间隙）a 和轴向数值（或间隙）S，记录成图 10-21（b）的形式。

③对测出数值进行复核。将联轴器再向前转，核对各位置的测量数值有无变动；

$a_1 + a_3$ 应等于 $a_2 + a_4$；

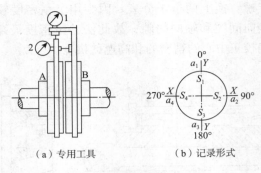

（a）专用工具　　　（b）记录形式

图 10-21　测量不同轴度

1—测量径向数值 a 的百分表；2—测量轴向数值 b 的百分表

$S_1 + S_3$ 应等于 $S_2 + S_4$。

当上述数值不相等时，应检查其原因，消除后重新测量。

④比较对称点上的两个径向间隙和轴向间隙的数值（如 a_1 和 a_3；S_1 和 S_3），若对称点的数值相差不超过规定的数值（$0.05 \sim 0.1\text{mm}$）时，则认为符合要求，否则要进行调整。调整时通常采用在垂直方向加、减主动机支脚下面的垫片或在水平方向移动主动机位置的方法来实现。

对于小型的泵机组，在调整时，根据偏移情况采取逐渐近似的经验方法来进行调整（即逐次试加或试减垫片，以及左右敲打移动主动机）。对于精密的和大型的机器，在调整时，则应该通过计算来确定加或减垫片的厚度和左右的移动量。

除上述一点法校正测量外，有二点法和四点法，因为后两种方法在实际工作中应用比较少，故不予以介绍。

三、联轴器校正的计算和调整

联轴器的径向间隙和轴向间隙测量完毕后，就可根据偏移情况来进行调整。在调整时，一般先调整轴向间隙，使两半联轴器端面平行，然后调整径向间隙，使两半联轴器同心。为了准确快速地进行调整，应先经过如下的近似计算，确定主动机支脚下加上或减去垫片厚度。

以图 10-22 为例，说明联轴器的校正与计算方法。图中Ⅰ为从动机轴，Ⅱ为主动机轴。根据校正测量的结果：$S_1 > S_3$、$a_1 > a_3$，即两半联轴器是处于既不平行又不同心的一种偏移情况。

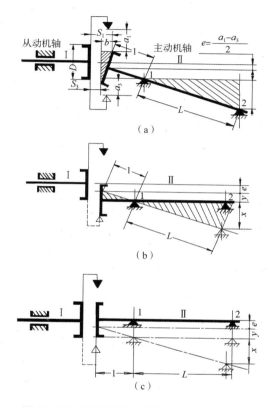

图 10-22 联轴器校正计算和加垫调整方法

（1）调整两半联轴器平行。由图 10-22（a）可知，为了使两半联轴器平行，必须在主动机的支脚 2 下加上厚度为 Xmm 的垫片才能达到。X 的数值可以利用图上画有阴影线的两个相似三角形的比例关系算出：

$$\frac{X}{L} = \frac{b}{D}, \quad X = \frac{b}{D} \cdot L$$

式中　b——0°与180°两个位置上测得的轴向间隙的差值（$b = S_1 - S_3$），mm；

　　D——联轴器的计算直径（应考虑到中心卡测量处大于联轴器直径的部分），mm；

　　L——主动机的纵向两支脚间的距离，mm。

由于支脚2垫高了，而支脚1底下没有加垫，因此轴Ⅱ将会以支脚1为支点发生很小的转动，这时两半联轴器的端面虽然平行了，但是主动机轴上的半联轴器的中心却下降了 y mm，如图10-22（b）所示。y 的数值同样可以利用图上画有阴影线的两个相似三角形的比例关系算出：

$$\frac{y}{1} = \frac{X}{L}, \quad y = \frac{X}{L} = \frac{b}{D} \cdot L \cdot 1 = \frac{b}{D} \cdot 1$$

式中　L——支脚1到半联轴器测量平面之间的距离，mm。

（2）调整两半联轴器同心。由于 $a_1 > a_3$，即两半联轴器不同心，其原有径向位移量（偏心距）为 $e = (a_1 + a_3)/2$，再加上校正时，使联轴器中心的径向位移量增加了 y mm。所以，为了使两半联轴器同心，必须在主动机的支脚1和2下同时加上厚度为（$y + e$）mm 的垫片。

由此可见，为了使主动轴上的半联轴器和从动机轴上的半联轴器既平行又同心，必须在主动机的支脚1底下加上厚度为（$y + e$）mm 的垫片，而在支脚2底下加上厚度为（$x + y + e$）mm 的垫片，如图10-22（c）所示。

在各种偏移情况下，联轴器校正时，在主动机的支脚下加上或减去的垫片厚度的计算公式见表10-11。

表10-11　联轴器校正垫片厚度计算公式一览表

偏移情况	主动机支脚1	主动机支脚2
$S_1 = S_3$，$a_1 > a_3$	加 $e = (a_1 - a_3)/2$	加 $e = (a_1 - a_3)/2$
$S_1 = S_3$，$a_1 < a_3$	减 $e = (a_3 - a_1)/2$	减 $e = (a_3 - a_1)/2$
$S_1 > S_3$，$a_1 = a_3$	加 y	加 $x + y$

偏移情况	主动机支脚 1	主动机支脚 2
$S_1 < S_3$, $a_1 = a_3$	减 y	减 $x + y$
$S_1 > S_3$, $a_1 > a_3$	加 $y + e$	加 $x + y + e$
$S_1 > S_3$, $a_1 < a_3$	加 $y - e$	加 $x + y + e$
$S_1 < S_3$, $a_1 < a_3$	减 $y + e$	减 $x + y + e$
$S_1 < S_3$, $a_1 > a_3$	减 $y - e$	减 $x + y + e$

主动机一般有四个支脚，故在加垫片时，主动机两个前支脚下应加减同一厚度的垫片，而两个后支脚下也要加减同一厚度的垫片。

假如联轴器在 90°、270° 两个位置上所测得的径向间隙和轴向间隙的数值相差很大时，则可以将主动机在水平方向作适当的移动来调整。通常是采用锤击或千斤顶来调整主动机的水平位置。

全部径向间隙和轴向间隙调整好后，必须满足下列条件：

$a_1 = a_2 = a_3 = a_4$；

$S_1 = S_2 = S_3 = S_4$。

这表明主动机轴和从动机轴的中心线已位于一条直线上。

在调整联轴器之前先要调整好两联轴器端面之间的间隙，间隙应大于轴的轴向窜动量(一般设计图纸上均有规定)。

四、联轴器校正的计算实例

以图 10-23 为例说明联轴器校正时的计算。

如图 10-23(a) 所示，主动机轴向两支脚之间的距离 $L = 3000\text{mm}$，支脚 1 到联轴器测量平面之间的距离 $l = 500\text{mm}$，联轴器的计算直径 $D = 400\text{mm}$，校正时所测得的径向间隙和轴向间隙数值见图 10-23(b)。求：支脚 1、2 底下应加或应减的垫片厚度。

由图 10-23(b) 可知，联轴器在 0° 与 180° 两个位置上的轴向

间隙 $S_1 < S_3$，径向间隙 $a_1 < a_3$，这种情况表示两半联轴器既不平行又不同心。根据这些条件可做出联轴器偏移情况的示意图，如图 10-24 所示。

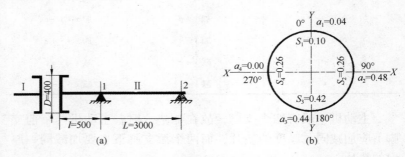

图 10-23　联轴器校正计算加减垫片实例

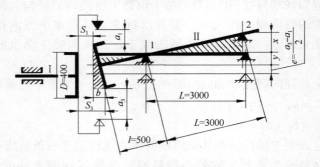

图 10-24　联轴器校正计算图

（1）调整两半联轴器平行。由于 $S_1 < S_3$，故 $b = S_3 - S_1 = 0.42 - 0.10 = 0.32\,\mathrm{mm}$。为了使两半联轴器平行必须从主动机的支脚 2 下减去厚度为 $x\,\mathrm{mm}$ 的垫片，x 值可由下列公式计算：

$$x = \frac{b}{D} \cdot L = \frac{0.32}{400} \times 3000 = 2.4\,(\mathrm{mm})$$

但是，这时主动机轮上的半联轴器中心却被抬高了 $y\,\mathrm{mm}$，y 值由下列公式计算：

$$y = \frac{l}{L} \cdot x = \frac{500}{3000} \times 2.4 = 0.4\,(\mathrm{mm})$$

（2）调整两半联轴器同心度。由于 $a_1 < a_3$，则原有径向位移量（偏心距）：

$$e = (a_3 - a_1)/2 = (0.44 - 0.04)/2 = 0.2(\text{mm})$$

为了使两半联轴器同心，必须在支脚 1 和 2 不同时减去厚度为：$(y + e) = 0.4 + 0.2 = 0.6(\text{mm})$ 的垫片。

由此可见，为了使两半联轴器既平行又同心，则必须在主动机的支脚 1 下减去厚度为 $(y + e) = 0.6(\text{mm})$ 的垫片，在支脚 2 下减去厚度为 $(x + y + e) = 2.4 + 0.4 + 0.2 = 3.0(\text{mm})$ 的垫片。

垂直方向调整完毕后调整水平方向的偏差。以同样计算方法，可求出主动机在水平方向上的偏移量。然后，用手锤敲击的方法或者用千斤顶顶推的方法来进行调整。

第三节　泵机组安装后的试运转

泵机组安装工作的最后一个工序是试运转。试运转的任务是综合检验设备的运转质量，发现和消除设备由于设计、制造、装配和安装等原因存在的缺陷，使设备达到设计的技术性能。设备的试运转工作对它的顺利投产和以后的运转质量有决定性的影响，所以都非常重视试运转工作。

在试运转中，设备由于设计、制造、装配和安装等各方面的原因而存在的缺陷都将暴露出来，而出现问题往往是比较复杂的，需要仔细进行分析，才能做出正确判断和提出处理措施。因此，试运转前应做好充分的准备工作。试运转应有领导干部、各方面有经验的工程技术人员参加。在试运转前，有关人员应阅读设备图纸、说明书以及操作、维修等技术资料。

为防止由于设备存在的隐患所造成重大事故，要求制订合理的试运转方案，保证能及时发现缺陷。在制定试运转方案时，应按照规定先空载后负载，先局部后整体，先低速后高速，先短时后长时等原则。

为了防止试运转过程中发生事故和便于分析存在的问题，应加强维护检查，建立必要的记录。

一、空载试运转

空载试运转的目的是检查设备各个部分相互的连接的正确性，揭露和消除存在的某些隐蔽缺陷。开车前必须严格清除现场一切遗漏的工具和杂物；检查一些零散的可以后安装的零件、附件，检查仪表等是否齐全可靠；检查螺丝等紧固件有无松动；对所有应该润滑的润滑点，都要按说明书的规定，按质按量地加上润滑油（脂）；检查设备的供油、供水、供电系统和安全装置等是否正常，并盘转设备能自由转动时，才允许进行运转。

离心泵的空载试运转必须在灌泵后进行，启动后连续运转时间不超过 3min。空载试运转期间，必须检查运转是否平稳，有无异常的噪声和振动，各连接部分的密封或紧固性等。若有失常现象，应立即停车检查并加以排除。

二、负载试运转

负载试运转是为了确定设备的承载能力和工作性能指标，应在连续空载试运转合格后进行。当在额定载荷试运转时，应检查设备能否达到正常工作的主要性能指标，如动力消耗、机械效率、工作速度和生产率等。

负载试运转中维护检查的内容和要求，与空载试运转相同，发现故障必须立即消除。负载试运转过程中可能产生的故障有以下几个方面：

（1）密封性不良。动力、润滑、冷却系统的装置和管路有漏油、漏气、漏水等现象。

（2）配合表面工作性能不良。出现噪声、振动、过热、松动、卡紧、动作不均匀等。

（3）工作中断。运动机构被卡住、机件破坏、电动机不能工作、各种指示和控制仪表没有读数等。

（4）设备性能不良。承载能力不足、运转速度过低和动力消耗太大等。

这些故障和损坏的原因可能与很多因素有关，包括机件的设计、制造、装配和安装、试运转制度和维护保养等。发现故障和损坏时，必须仔细研究分析有关资料和发生故障和损坏的情况，找出主要原因并采取相应措施。

设备试运转的技术情况应进行记录，确定全部合格后才能投入使用。设备使用初期仍需加强维护保养工作，以保证它的正常运行。

第十一章　泵机组的技术鉴定

油库泵机组的技术鉴定应遵循行业标准《油库设备技术鉴定规程》第4部分：泵机组，现将主要内容摘编如下。

一、鉴定内容

（一）外部检查

（1）检查泵机组规格、性能参数等技术资料。

（2）泵机组整体安装状况及同心度，运行时的振动及各部件连接状况，渗漏、润滑、冷却状况。

（3）检测泵机组设备接地电阻值。

（二）性能检测

（1）检测泵流量、压力、机组转速，察看电机电流和电压值，并计算泵效率。

（2）测试泵机组轴承温度。

（三）解体检查

（1）检测泵体内部叶轮、螺杆、滑片等转动部件和其他零部件磨损、腐蚀及汽蚀程度。

（2）检测泵轴弯曲、同心度、联轴器间隙、轴承及其他零配件间隙。

（3）检查泵壳各密封端面密封状况、轴承及其他零配件密封是否完好。

（4）检查润滑系统、冷却系统、安全阀等辅助系统。

二、鉴定器具

采用表11-1所列出的检测仪器、设备和工具对泵机组进行鉴定。

表 11 - 1　检测仪器、设备及工具

序号	器具名称	精度和技术要求
1	数字式测温仪	显示误差：±1℃；量程：-15~150℃；响应时间：<5s
2	振动测量仪	频率范围：10~200Hz
3	数字转速表	测量范围：30~12000r/min；误差：±(0.01%+1个字)；分辨率：1r
4	可燃气体浓度检测仪	精度：±0.5%；检测范围：0~10LEL/0~100LEL；响应时间：<3s
5	接地电阻测量仪	测量范围：0.00~19.99Ω，20~199.9Ω
6	压力表	精度：0.1级；量程：0.5~1.5倍出口工作压力
7	真空压力表	精度：0.05级；量程：0.5~1.5倍出口工作压力
8	深度游标卡尺	±0.05mm
9	扭矩扳手	0.0035~2700Nm
10	放大镜	5~10倍
11	秒表、塞尺、百分表、除锈工具、防爆工具	检测专用

三、鉴定程序和方法

（一）外部检查

（1）对泵体外部及其安装的平直程度和运行情况作视听检查。

（2）查验泵机组铭牌、标识、额定工作参数等技术资料。

（3）目测或借助放大镜检查泵体外部裂纹、涂层剥落等情况。

（4）检查基础和机座的坚固程度及地脚螺栓和各部位连接螺

栓的紧固程度，并检查设备接地装置。

（5）目测或借助水平尺、直尺、垂线、百分表检查泵基础及机座的沉陷、裂缝、倾斜、平直程度。

（6）用手提式振动仪和数字温度计在轴承座或机壳外表面测量泵运行时的振动和温度，以及泵运行 4h 后的轴承温度，并检测冷却系统温度。

（7）从泵运行时发出的噪声或停运时凭手动判断各部件的连接及配合间隙和润滑状况。

（8）用秒表测取运行时各密封部位每分钟渗漏液滴数，检查各部件密封的状况。

（9）用接地电阻测量仪测量泵机组设备接地电阻值。

（10）用水平仪、直尺、水平尺、百分表测量泵机组同心度。

（二）解体检查

（1）泵效率下降达到正常值的 30% 以上或泵体有裂纹时，按下列程序和要求进行检查：

①放净泵内介质和轴承内润滑油；

②测量并记录泵和电动机转子中心偏差、泵壳拉紧螺栓扭矩、主要部位螺栓拆卸前长度等原始状态参数；

③对各零部件的相对位置和方向做标记；

④按一定的对称顺序松开连接螺栓；

⑤拆下泵吸入管、排出管、压力表和真空表（真空压力表）；

⑥根据泵结构类型，按有关技术文件要求拆卸泵。

（2）用测深游标卡尺、直尺、测厚仪、百分表等检测器具测量泵体内部、叶轮、滑片、螺杆等转动部件及其零部件的磨蚀和损坏程度。

（3）用水平尺、直尺、百分表、塞尺等检查和测量泵轴弯曲度、同心度、轴承间隙、泵轴密封装置磨损程度和各零部件之间的配合间隙、连接状态。

（4）用显示剂检查泵体各密封面和连接部位密封面的接触压痕。

（5）检查润滑系统、冷却系统等辅助系统的完好状况。

（6）检查安全阀压力值是否正常。

泵机组外部检查、解体检查及测量记录见表 11-2。

表 11-2　泵机组外部检查、解体检查及测量记录

泵机组类型及编号			检查日期	
正常工作扬程和流量			技术资料	全/否
安装位置及作用			检查人	
序号	检查部件	检查内容	缺陷类型	缺陷程度	检测结果

（三）性能检测

（1）将一次输油作业分为三段过程，分别计算各段作业的平均流量，并记录各段作业的扬程。

（2）计算泵机组的实际效率。

泵机组性能测量记录见表 11-3。

表 11-3　泵机组性能测量记录

泵机组类型及编号			检查日即	
安装位置及作用			检查人	
序号	性能指标	实际测算值	正常值范围	异常程度	核验结果

（四）检查结果

对各项检查和测量结果进行核验，并填入相应的检测记录表。

四、等级评判条件

（1）按照前述标准的规定对泵机组分级。

（2）各项技术指标均符合 SY/T 0403—1998、表 11-4 和表 11-5 的规定者为一级。

表 11-4　轴承最高温度允许值　　　　　　　　℃

离心泵	容积泵	叶轮式水环真空泵
65~70	65~70	<80

注：表中温度为运行 4h 后的允许值。

表 11-5　密封最大渗漏量允许值　　　　　滴/min

类　　型		离心泵	容积泵	叶轮式水环真空泵
机械密封		3	3	5~10
填料密封	轻质油	10	5	
	滑油	5		

注：表中规定值为运行时的允许值。

（3）符合下列情况之一者为二级：

①泵机组标识、规格及运行操作记录等技术资料不完整。

②外部检查存在一项或一项以上内容不正常。

③性能检查一项指标偏离正常值范围。

④零部件因磨损需维修。

⑤实测泵机组的流量或扬程或效率下降值达正常值的 30% 以内。

（4）符合列情况之一者为三级：

①实测泵机组的流量或扬程或效率下降值达正常值的 30%~50%。

②轴磨损或腐蚀严重。

③叶轮、滑片损伤、偏重、间隙过大。

④轴承损坏或磨损严重，或轴承温度超过正常值。

⑤轴密封等零部件损坏或间隙过大，或经解体检查需更换零部件。

⑥泵振动或噪声过大。

（5）属下列情况之一者为四级：

①泵体、泵盖损坏或腐蚀严重，无法修复，或腐蚀余厚小于最小壁厚。

②叶轮、滑片、螺杆等转动主要部件腐蚀或损坏严重，无法修复。

③实测泵机组的流量或扬程或效率下降值达正常值的 50% 以上。

④修理费用超过更新费用的 50%。

五、鉴定结果及报告

（1）依据 SY/T 0403—1998 和本章的规定确定泵机组的等级。

（2）汇总核验后的各项评定结果和鉴定结论填入《油库设备技术鉴定报告表》。

主要参考文献

［1］贾如磊，龚辉主编．油库工艺与设备［M］．北京：化学工业出版社，2012．

［2］范继义主编．油库设备设施实用技术丛书——油库用泵［M］．北京：中国石化出版社，2007．

［3］总后油料部．油库技术与管理手册［M］．上海：上海科学技术出版社，1997．

［4］马秀让编著．石油库管理与整修手册［M］．北京：金盾出版社，1992．

［5］马秀让主编．油库设计实用手册（第二版）［M］．北京：中国石化出版社，2014．

［6］马秀让主编．油库工作数据手册［M］．北京：中国石化出版社，2011．